永遠吃不膩的台式媽媽味

超喜歡台灣 編輯部—— 著

JJ CHIEN——攝

6位台灣媽媽的家常菜，
傳遞最強的人情味

前言

　　在無數次造訪旅行的過程中，對台灣的種種愈來愈喜歡，當地的朋友或是認識的人也漸漸地增加。一起吃飯、一起在咖啡店閒聊、一起玩耍，當地的朋友有時候也親自下廚款待我們。

　　因此，在和這些台灣友人接觸互動的過程中，得知我們在一般的旅行中吃到的料理，和他們在家中吃的「家庭料理」有很大的不一樣，不由得想進一步了解。

　　在台灣的路上散步的話，不管是充滿綠意、叢林一般的陽台，或是花朵流線感、幾何圖案的鐵窗造型，吸引行人目光的大型鐵門，從外面往裡面觀看，當地人的生活空間具有很大的吸引力，常常會很好奇生活在裡面的人的生活方式是怎樣的呢？然而，卻無從得知。

　　一定是這樣的念頭，促使我們去開發尚未體驗到的台灣的美好。一如預期，這次取材拜訪的台灣家庭，處處充滿魅力，每個家庭都有一位爽朗溫暖的「媽媽」。

　　媽媽們的手作料理，與其說是台灣的家庭料理，其中更蘊藏了家

族成員的組成、媽媽的出身、家族的根源或是習慣等等各式各樣的要素交織在一起，相對來說，台灣家庭料理的文化實際上更為複雜。不只是台灣，和中國也有很深的淵源，甚至也有承繼客家的傳統，對於每個家庭來說，不單單只是料理口味上的差異，更多的是潛藏在其中深層文化的相互交流，這樣呈現在料理上的多樣性，也與台灣具有包容多元文化的胸襟，存在著很深的關聯性。

這本書，實際拜訪了台灣的家庭，請教很會做菜的媽媽們，她們經常做的是哪些料理，進而介紹這些料理的食譜作法。

坦白說，媽媽們的料理方式非常豪邁，食材也好調味料也好都是目測份量，也經常在製作途中改變作法，這些在不斷談笑中製作出來的料理，也成為美味來源的調味料，充滿不可思議的況味和滿足感。

台灣媽媽的口味和食譜，能夠深深地溫暖人心，有機會品嚐的話，就能夠感受到其中的人情溫度和故事！

充滿愛的料理

廚房一隅

從鐵窗外窺見台灣人每天吃的料理。

讓心靈和肚子得到滿足，果然還是要媽媽的味道。

＃ C O N T E N T S

目 錄

在料理之前

關於食譜

　　基本上，這些食譜是透過媽媽們的口述，歸納而成的食譜。大概的計量、隨性的調理方式，這種不經意的溫暖，讓媽媽們製作出來的家庭料理更加美味。首先，請大家稍微做少一些，一點一點地添加調味料調整味道的話，比較不容易出錯。因為台灣和日本的食材差異或是調理環境的差異，即使照著食譜製作，還是有可能做不出來，雖然如此，在這個慢慢探索出美味製作方式的過程中，無形中也能提升對台灣家庭料理的經驗值。基本上一邊調整媽媽們的食譜，一邊回憶台灣的種種，就是料理的快樂時光！

關於火候

　　台灣的瓦斯爐火力很強！因此，即使媽媽們口中的「大火」，在日本的火爐上也很難達到這種火候。在本書中，雖然以「大火」、「中火」、「小火」標示，不管如何，在標示「大火」的時候，請以大火調理為佳。一邊確實觀察食材的狀況，蓋上鍋蓋，或是取下鍋蓋讓水分蒸發，一邊參考完成圖的照片調整火候！

關於工具

　　使用頻率很高的工具，一定是中華鍋和中式菜刀。中華鍋可以炒、煮、蒸，不管是什麼料理方法都很方便使用，是台灣媽媽們的愛用工具。很多媽媽都說：「鍋子的把手和另一側有附上一個小圓環的款式更方便使用喔！」。有兩個把手的鍋子方便拿取，即使是大鍋子也可以穩定地移動。如果沒有中華鍋，也可以用平底鍋代替。中式菜刀用來拍肉的時候很方便。但是，即使是使用一般的菜刀也完全沒有問題。

關於蒸式器具

　　這本書介紹的料理經常使用「蒸」的調理法，在台灣雖然使用電鍋這種多功能型的煮飯器具很受歡迎，但是在探訪過程中，也學到另一個方法，使用瓦斯爐和鍋子蒸煮也可以，這種時候，在鍋子裡倒水，再放入具有高度的茶杯或是飯碗等容器，接著再放入盛著食材的耐熱容器的話，食材就不會碰到水。運用這個方法，以熱水沸騰產生的蒸氣將食材蒸熟。蓋上鍋蓋，經常觀察鍋裡水的份量和食材的狀態，避免空燒。

關於計量

　　以肉眼計算份量的一般家庭料理，媽媽們幾乎都無法確實計算份量，憑感覺做菜，做菜時候的精彩手法，就像是魔法一樣。也就是說，因為得到的資訊是大概的份量，不妨當成參考，一邊製作一邊調整的話，就可以找出自己喜好的口味。本書的食譜經常出現的記號，飯碗一碗約 200ml，一把大約為手掌的份量，湯匙和匙則是普通尺寸的一湯匙份。在平底鍋裡倒油，實際上會比想像中的還要多一點。湯或是燉煮料理的水量，以確實可以泡過食材的份量為最佳。其它的話，1 小匙為 5ml，1 大匙為 15ml。

李媽媽

台北出生、職業婦女的媽媽味

「啊，好像沒有買到香菜」在做菜過程發現這個狀況的李媽媽，隨即前往附近的市場買菜，轉了一圈終於在捷運站前的超市買到香菜，綻放出這個可愛的笑容！

約定見面的地點是在台北一間古典風格飯店的大廳，在觀光客往來頻繁、稍微感覺高級的大廳等待，迎面而來的大媽，帶著爽朗氣息，一身紫色上衣短褲，腳上踩著桃紅色涼鞋，非常有活力、具有個人魅力。究竟這位一身凜然正氣的媽媽是何方神聖呢？正這麼想的時候，啊，不正是我們約定見面的李媽媽嗎？

李媽媽一邊寒暄一邊領著我們到處處留下歲月痕跡的國宅，打開樓梯下方的大門電子鎖，走進公寓裡，映入眼簾的是散布著細細長長的白色石子的奶油色樓梯。從高處的窗戶照入大量的光線，即使是陰天，樓梯間的採光也十分充足。每一戶的大門旁邊擺著鞋櫃、鏡子、長滿灰塵的安全帽等等物品。涼鞋和鞋子整齊地排在樓梯上，有時候也會隨意脫下亂擺。每一次在台北旅行的時候都會留意到，每一扇路邊的銀色或是紅色的堅固鐵製大門，在這些吸引我注意的大門裡，肯定也有值得一探究竟的廣大世界。

走進玄關之後，就是寬敞的客廳。正確來說，並沒有玄關，打開大門之後，直接就是室內空間的一部分，呈現出意想不到的開放感！在客廳明亮的陽台邊，一位高齡95歲的老奶奶，和李媽媽一起生活在這個屋子裡，坐在輪椅上，面向著客廳一角氣派的大型神龕，寧靜地融入空間的聲音和姿態，使人感覺這裡的時光每天都是如此緩慢地流逝著。當時正逢盛夏，「很熱吧」李媽媽一邊這麼說，一邊遞給我們自製冰涼的檸檬水，讓我們一解暑熱。

李媽媽出生於台北，在兄弟姊妹四個人中排行長女，弟弟妹妹也都出生於台北。因為父母親的工作關係，小學時代曾經在南部的城市嘉義生活過一段時間，之後又搬到東北部的宜蘭，不久再次搬回台北。因此，對李媽媽而言，老家還是台北。原本是住在萬華（龍山寺所在地的老街區），大約15年前，搬到以祭拜商業的神明聞名的「行天宮」附近。住家旁邊就有經常出沒採買食材的市場，每次出門去採

腳步輕快地走在經常造訪的市場路上。看見熟悉的臉孔就露出微笑。

買,總會遇見熟人。手上拿著錢包,臉上掛著笑容互相打招呼,就是最美好的日常片刻。雖然住家附近也有超市,但是如果要買生鮮食材,李媽媽認為還是到傳統市場去買比較好。

實際上,早期日本人還不時興到台灣旅行,李氏夫婦對於日本背包客就不陌生,在日本的旅人之間廣為人知。當時,雖然在台灣旅行很方便簡單,但是,觀光建設還沒有很完整的時代,經營旅行社已故的李爸爸,經常將

上／放在陽台曬太陽的植物。
下／在玄關外脫下涼鞋。

旅客帶回自己的家中留宿，用李媽媽做的飯菜款待這些旅人，因此，李媽媽原本就接待過各式各樣的旅人，日語也說得很好。李爸爸過世之後，李媽媽接手經營旅行社，現在每天活力十足地持續工作著。

現在的李媽媽，和前面提到的老奶奶、30歲的兒子以及來自印尼的年輕幫傭四個人一起生活。女兒也住在附近，午餐時間會回家來吃李媽媽做的飯菜。晚上，兒子也會一起圍在餐桌上吃飯，更加熱鬧。

上／台灣家庭必備的大同電鍋。
下／使用歷史久遠的烤箱是東芝製的產品。

　　李媽媽因為工作的關係，下班時間經常很晚了，平日主要都是做一些拿手、可以快速完成的菜。簡單就可以完成的家常菜，不需要經過深思熟慮的日常美味，讓人無法停筷，一口接一口，這種滋味就是媽媽的味道。特地回來吃媽媽做的菜的女兒的心情，馬上可以理解，這些菜就是既簡單又美味。溫柔地照顧著做菜的人或是吃飯的人的心思，即為每天都很忙碌工作的李媽媽的料理醍醐味。

李媽媽自己挑選的粉紅色廚房。既可愛，
機能性也十足！

經典中的經典家常菜

番茄炒蛋

為什麼只有番茄炒蛋配白飯能如此美味？使人讚嘆的食材組合。令人愉悅的簡單料理程度，卻呈現出無法想像的美味驚豔度，只有一句話「超美味」。直接食用是一般的吃法，在白飯上淋上湯汁像丼飯一樣食用也可以。根據個人喜好加蔥或不加蔥都可以。實際上加糖增加甜度的人很多，甜甜鹹鹹的口味很下飯。

材料（約 3 人份）

○ 雞蛋 —— 3 顆　　　○ 鹽 —— 2 小匙
○ 番茄 —— 1 顆　　　○ 沙拉油 —— 2 大匙
○ 蔥 —— 3 根　　　　○ 水 —— 約 60ml

作法

1. 打蛋，充分打勻。
2. 將番茄切成半圓片狀，蔥切成 4 ～ 5cm。
3. 以大火加熱平底鍋，放入 1 大匙的沙拉油，油熱之後，倒入步驟 1 拌炒。
4. 雞蛋炒成固態之後，以木匙撥攏取出。
5. 再倒入 1 大匙的沙拉油，依序放入蔥白、番茄翻炒。加水。
6. 蓋上鍋蓋，轉小火，燉煮。
7. 煮到整體發出冒泡的聲音，番茄軟化之後，加鹽。
8. 放入雞蛋、蔥綠，拌炒均勻即完成。

在台灣，在拌炒的途中加水是很常見的料理手法，讓整體口感濕潤，又煮又炒的作法。加水的方法沒有特定，媽媽們每一次的作法都不一樣。

快炒料理的代表選手！

炒飯

運用現有的食材製作的炒飯是李媽媽的拿手菜，也是兒子的最愛。作法非常簡單，隨時取出食材配料，不需要花太多時間製作反而是美味的訣竅。

主要的食材使用蝦子、豬肉或是雞肉都可以。關鍵就是手邊有什麼食材都可以運用，除了可以當成清冰箱的料理，也能完成一道美味的炒飯料理。

材料（約 2 人份）

○ 雞蛋 ── 2 顆　　○ 白飯 ── 1 飯碗（盛得尖尖的）
○ 蝦子 ── 約 10 尾　　○ 橄欖油 ── 4 大匙
○ 洋蔥 ── 1/4 顆　　○ 鹽 ── 2 小匙
○ 蔥 ── 適量　　○ 白胡椒 ── 少許

作法

1. 在打蛋之前，將蛋白和蛋黃分開備用，讓蝦子沾裹蛋白。洋蔥切丁。
2. 在平底鍋裡倒入 2 大匙的橄欖油，再放入打散的雞蛋（蛋黃十蛋白），拌炒一下，取出盛在別的容器。
3. 接著炒蝦子，炒熟之後取出。
4. 再倒入 2 大匙的橄欖油，放入切成粗丁的洋蔥拌炒。
5. 洋蔥炒熟之後，放入白飯，以中火拌炒。
6. 放入炒過的蝦子和雞蛋，再次拌炒。
7. 放入切成 5mm 寬的蔥，最後根據個人喜好撒上白胡椒即完成。

危險級美味的單純滋味

豬油拌飯

整道料理就是在飯上淋上豬油和醬油膏（台灣特有、具有黏稠度的醬油）如此而已，美味的程度卻是無與倫比。屬於每天都想吃的絕佳美味，但是，考慮到卡洛里的話，危險度則會飆到最大值。從前的小朋友會用這道料理來取代點心。配上醃菜一起食用，也很美味。

材料（約 1 人份）

○ 豬油 —— 2 ～ 3 小匙
○ 醬油膏 —— 適量
○ 白飯 —— 1 飯碗

作法

1. 將白飯盛碗。
2. 淋上豬油、醬油膏。
3. 充分攪拌之後即可食用。根據個人喜好加上醃菜一起吃也可以。

食用的時候配醃菜的話，美味度會更加提升。在李媽媽家，配的是醃漬小黃瓜。

配啤酒一起吃，多少都吃得下

鹹蛋杏鮑菇

將在傳統市場或是超市經常看見的鹹蛋當成調味料，和杏鮑菇一起炒的家常料理。一如其名，鹹蛋具有很高的鹹味，杏鮑菇則會吸滿鹹蛋的鹽分，充分互相融合，成為一道濃厚又柔和的料理。和冰涼的啤酒搭配的話，直接到達天堂的美味境界。啤酒會一杯接一杯，無法停下來。

材料（約 3 人份）

○ 雞蛋 ── 2 顆
○ 杏鮑菇 ── 4 ～ 5 條
○ 青蔥 ── 2 支
○ 橄欖油 ── 2 大匙
○ 鹹蛋（鹽漬鴨蛋）── 1/2 ～ 1 顆
○ 胡椒 ── 少許

作法

1. 杏鮑菇切滾刀塊，青蔥切成 5mm 寬，將鹹蛋的蛋黃和蛋白分開備用。將鹹蛋帶殼直接切成一半，用湯匙將蛋白從蛋殼取出來，這種作法會比較方便作業，蛋白盡可能壓碎一點備用。

2. 在平底鍋裡倒入 2 大匙的橄欖油，再放入杏鮑菇以大火拌炒。

3. 炒至杏鮑菇上色之後，取出備用。

4. 放入鹹蛋的蛋黃，以木匙一邊壓碎一邊拌炒。

5. 和橄欖油混合成像奶油狀一樣的黏稠狀態，再將步驟 3 倒回平底鍋。

6. 放入從蛋殼取出壓碎的鹹蛋的蛋白。

7. 根據個人喜好撒上胡椒，放入青蔥拌炒即完成。

步驟 5 的狀態。運用橄欖油將鹹蛋的蛋黃炒到這個程度，為了避免燒焦，需要經常用木匙攪拌。

RECIPE
5

清爽卻濃醇的雞湯

山藥雞湯

在台灣人的餐桌上，湯品也是必備。不管是在餐廳還是路邊攤，除了主食，加點湯品的人也很多，因此，湯品的種類也各式各樣。這個紅棗、枸杞子、山藥和雞肉的食材組合，讓身體和味蕾都能感受到美味的健康四重奏。因為紅棗會釋放出溫潤的甜味，用來當成搭配鹹度比較高的料理，非常適合。

材料（約 4 人份）

○ 雞肉（帶骨。雞腿肉為佳）—— 1/4 隻
○ 枸杞子 —— 適量
○ 紅棗（大顆一點）—— 約 10 顆
○ 山藥 —— 約 10cm

○ 薑 —— 約半塊
○ 鹽 —— 2 小匙
○ 米酒 —— 約 50ml
○ 水 —— 適量

作法

1. 將雞肉切成容易食用的大小備用。放入滾水汆燙，2 ～ 3 分鐘之後，取出以清水沖洗。注意不要過度燙煮，避免流失太多肉汁。

2. 將洗過的紅棗、步驟 1、枸杞子和切成薄片的薑放入鍋中，再倒入可以淹過食材左右的水量，蓋上鍋蓋，以中火燉煮。

3. 煮至雞肉呈現熟軟的狀態之後，放入切成短條狀的山藥。在食用之前再放入山藥的話，增加口感，更美味。

4. 放入鹽、米酒，最後再煮一下即完成。

材料。使用帶皮和骨的雞肉，煮出來的湯會更醇厚。以雞翅或是雞翅根取代也可以。

倒入可以淹滿食材的水量。

27

炒麵

台灣版炒麵

使用的食材是被稱為油麵的台灣麵條。不管是用煮的還是用炒的都很好吃的麵條，像這樣使用炒麵的方式是很方便簡單的料理方法。油麵有分成粗麵、細麵，李媽媽選用的是「能夠將配料拌勻」的細麵。但是，在日本的話，用日式炒麵的麵條取代也可以，李媽媽這麼建議。

從麵條裡若隱若現的蝦米，可以呈現出台灣料理的風味，一種吃不膩的柔和滋味。盛盤之後可以撒上香菜，增加色彩和風味。

材料（約 3 人份）

○ 油麵 —— 3 人份
　（以日式炒麵的麵條取代也可以）

○ 豬肉絲 —— 約 200g

○ 白菜 —— 適量

○ 紅蘿蔔 —— 適量

○ 蔥 —— 適量

○ 香菇 —— 1 把

○ 蝦米 —— 1 把

○ 橄欖油 —— 2 ～ 3 大匙

○ 水 —— 300ml

○ 醬油 —— 1 湯匙

○ 鹽 —— 2 小匙

○ 香菜 —— 少許

作法

1. 將白菜、香菇、紅蘿蔔切成粗絲，
   再將蔥切成 1cm 的末。
2. 將橄欖油倒入平底鍋，放入以熱
   水泡開的蝦米、香菇、蔥、紅蘿
   蔔，以大火拌炒。
3. 放入豬肉、白菜梗，繼續拌炒，白
   菜葉的部分也放入以中火拌炒。
4. 加水，蓋上鍋蓋煮。

5. 煮到豬肉熟透、蔬菜軟化之後，
   倒入醬油、鹽。
6. 食材都入味之後，放入油麵。
7. 蓋上鍋蓋，煮至水分收乾。李媽
   媽是如何判斷水分是否收乾，似
   乎是藉著觀察油麵的重量，判斷
   完成的狀態。

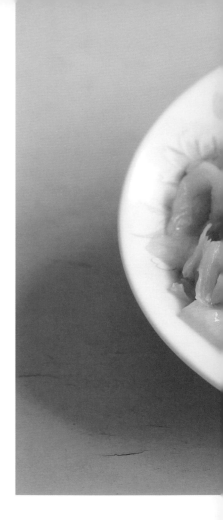

濃稠勾芡的白菜

開陽白菜

開陽在台灣指的就是蝦米。以陰陽的觀點來看，吃蝦米可以增加精力，從前有一種傳言是男生吃蝦米可以增加生育能力，因此，在婚禮的宴席上，長輩來賓經常會對新郎說：「多吃一點蝦米喔！」。

這道菜吃起來的感覺就像是配料只有蝦米的八寶菜[註1]。雖然只有蝦米和鹽的調味，味道很天然卻很醇厚。因為是一道味道很柔和的料理，也很適合用來搭配醬油調味比較重口味的菜，可以互相襯托出最佳美味。

材料（約 2 人份）

○ 白菜（大顆一點）—— 1/4 顆
○ 蝦米（以熱水泡開）—— 15 ～ 25g
○ 薑 —— 適量
○ 橄欖油 —— 2 大匙
○ 鹽 —— 2 小匙
○ 太白粉 —— 2 小匙
○ 蔥 —— 適量
○ 水 —— 約 150ml

註 1：八寶菜是一道日本常見的中華料理，用各種蔬菜和肉類一起烹煮再勾芡而成。

作法

1. 薑切成末，白菜切成 1.5 ～ 2cm
   寬。
2. 在平底鍋倒油，依序放入薑、蝦
   米，以大火爆香。
3. 接著放入白菜的梗拌炒。
4. 白菜梗稍微炒熟之後，放入白菜
   葉子的部分。以木匙一邊攪拌一
   邊拌炒。

5. 整體拌炒均勻之後，倒水，蓋上
   鍋蓋。調小火候。
6. 經常打開鍋蓋，一邊攪拌一邊燉
   煮。
7. 煮至白菜軟化之後，放鹽。
8. 倒入太白粉水勾芡，再放入切成
   2 ～ 3cm 的蔥增加色彩，稍微煮一
   下即完成。

台灣料理的代名詞

滷肉飯（鍋煮版本）

從前是孩子們回到家，喊著：「肚子好餓喔！」會吃的家庭料理，現在因為製作很花時間，在外面買比較方便快速，製作滷肉飯的家庭已經減少了。但是，這道料理還是具有很高的普遍性。在家製作的話，可以用電子鍋製作，也可以用瓦斯加熱鍋子製作，李媽媽是屬於後者。在製作途中，打開鍋蓋，攪拌鍋中食材的時候，飄出陣陣的甜甜香氣就是幸福的氣味。和其它料理一起製作的話，就不會感覺這道料理很費時間。請試著加入雞蛋、油豆腐一起煮。甘甜溫潤的滷肉飯充滿著台灣懷舊的氣氛。

材料（約 3 人份）

○ 豬絞肉 —— 約 300g
○ 油蔥酥（油炸過的台灣紅蔥）
　 —— 1 把
○ 橄欖油 —— 1 小匙
○ 蒜頭 —— 2 瓣
○ 五香粉 —— 少許
○ 醬油 —— 3 湯匙
○ 冰糖 —— 1 ～ 2 小匙
○ 米酒 —— 2 大匙
　（如果沒有，料理酒也可以。使用料理酒
　 的話，冰糖可以放少一點）
○ 鹽 —— 1 小匙
○ 水 —— 2 杯
○ 白飯

作法

1. 在平底鍋裡倒入橄欖油，以中火拌炒豬絞肉。

2. 炒至豬肉的表面上色之後，放入切成末的蒜頭拌炒。

3. 豬肉充分炒熟之後，放入油蔥酥和冰糖，根據個人喜好放入五香粉。再倒入米酒、醬油、水、鹽。

4. 將步驟 3 移到有蓋的鍋子，蓋上鍋蓋，以小火燉煮約 1 個小時。

5. 經常開蓋攪拌，這個時候如果水份變太少的話，可以加水（份量外）。

6. 慢慢地燉煮，顏色會愈來愈深，味道也會更入味。

7. 完成之後，淋在白飯上就可以開動了。

滷肉飯的製作重點

將切小塊的豬皮以醬油和米酒燉煮約 2 個小時,靜置一段時候會凝固,這個作法可以做成豬皮凍。將這個加入滷肉的話,會讓味道更有層次,是李媽媽的秘方!份量可以根據個人喜好。

滷肉飯的絞肉使用脂肪多一點的豬肉比較好。在台灣的市場購買的話,提到「滷肉飯用的肉」的話,就能買到脂肪多一點的肉。照片的上方是切成細末的新鮮台灣紅蔥,但是,在日本取得不易,因此,使用油炸過的再製品。

讓料理更加美味!小筆記

雖然在台灣的超市很容易找到這種再製品「紅蔥酥」(油炸過的台灣紅蔥),李媽媽說著:「從新鮮的紅蔥開始製作的話,可以散發出很棒的香氣」,堅持講究的作法。雖然費工夫,美味卻加倍!

新鮮的台灣紅蔥,呈現這樣的紫色。在傳統市場可以買得到。

油蔥酥的作法

1.
將份量 1:1 的橄欖油和切成末的台灣紅蔥,放入鍋中,開中火。食材加熱之後,會產生很嗆的味道,因此,一定要先將食材都放入鍋中後,再開火。

2.
以木匙一邊攪拌一邊加熱。紅蔥和油融合在一起之後,將火候稍微調小,繼續一邊攪拌一邊加熱,慢慢地會飄散出香味。

3.
一邊觀察狀態不要炒焦,一邊調整火候,炒至呈現柔和的麥芽糖色即完成。

只在燙過的蔬菜淋上滷肉。可以應用在各種蔬菜上，空心菜、菠菜、白菜等等，是一道絕對不會出錯的組合。

滷肉延伸應用

燙青菜

黃媽媽

受家族傳承的手法影響的媽媽味

很適合俐落短髮的黃媽媽，腳邊的蘭花是農曆春節買來細心照顧的盆栽，屋裡處處可見。打赤腳的黃媽媽很可愛。

在潮濕雨不停的夏日，拜訪黃媽媽的家。被雨濡濕的水泥走道，走道上放滿植物盆栽佈滿水滴。雖然是令人不敢恭維的高溼度暑熱，卻在黃媽媽家感受到充滿柔和生機，台北的樣貌景色瞬間一變。出來迎接我們的黃媽媽，第一印象就是充滿元氣！臉上帶著穩重笑容的黃爸爸也一起歡迎我們的到來。

陽台的大窗戶和另一側廚房的窗戶被中間的客廳貫穿，從兩個方向照入光線，非常明亮的空間。站在窗戶旁邊的沙發的黃媽媽插著腰，接受我們的訪問。不管是料理方法、材料、份量，都條理分明地回答著。訪問途中，黃爸爸則一邊為我們泡茶，氣氛很和諧的一對夫婦。喝下溫溫的茶之後，稍微留意的話，屋內的角落、電視櫃、穿過窗簾看得見的陽台等處，都可以看到蘭花的盆栽。每一年過農曆春節的時候，黃媽媽都會買蘭花，這些盆栽都不會丟掉，持續照顧，因此，陽台就形成一片綠意盎然的景象。「植物都是我在照顧的喔！」黃媽媽這麼對我們說，笑容滿溢著

對這些植物的愛。造訪台北的週末花市的話，總是人山人海，可以看到大家都熱衷於種植香草或是室內裝飾用的植物，熱鬧的買賣樣貌，確實感受到台灣人對於植物的喜好，因此，家家戶戶的門口或是陽台都處處充滿綠意。

黃媽媽夫婦現在住在台北北部士林區的天母，對於日本人來說，聽到士林的話，不只是馬上會浮現出「夜市」、「國立故宮博物院」等地方，也會有這一區比較多外國人居住的印象，根據區域的差別，百貨公司或是精品店林立的市場的商品也比其它區域來得高價，也就是所謂的高級住宅區。在取材結束回程的計程車上，「每天早上都有日本人會坐我的車去公司！韓國人或是歐美人也會坐喔，這一區的外國客人很多。」在士林有10年計程車司機經歷的司機，明明路況不太熟悉，一邊不急不緩地說出這些話。

13歲來台北之前，黃媽媽一直生活在台灣東北部的羅東，出生地也在羅東。黃媽媽的母親

1／廚房旁邊的門的裡側，是用來曬衣服、存放食材的小型空間。映入眼簾的是西瓜。

2／經常使用的菜刀們。　　3／在厚重的大門上貼上流行的貼紙。

4／冰箱上是演員兒子的小型寫真集。手把上的兔子裝飾很可愛。

5 / 鮮紅色的廚房是數年前改裝而成，那個時候，重新改掉廚房的入口，確保採光和動線。
6 / 廚房的窗戶玻璃，很復古。　7 / 放在置物籃裡的是日本製的鹽拉麵！

是台北人，父親則是中國福建省的福州人。因此，經常在料理上使用紅糟（福建的傳統紅麴調味料），餐桌上時常飄散著父親故鄉的氣息。不管是用來料理魚類或是肉類都很美味。這些料理手法則出自台北出生的母親的傳承，母親做出父親故鄉的味道。黃媽媽的母親是廚藝一流的人，

在幫忙母親做菜的過程中，自然地也習得一身好功夫，血緣、親情、料理的手法都藉著料理獲得傳承。

這樣的餐桌組成，在不是特殊節日的日子，黃爸爸和黃媽媽、孫子三個人是基本成員。黃家有兩個兒子，大兒子從事會計

師的工作，外派越南。小兒子則是曾經入圍演員獎的實力派演員，活躍於戲劇圈，孫子則是小兒子夫妻的女兒。為了幫忙工作時間不固定的兒子夫婦，擔任起照顧孫子的保姆工作。雖然經常做的是一湯兩菜的基本菜色，為了喜歡吃麵線的孫子，會以麵線當成主食變化菜色，另外為在海邊長大的黃爸爸準備海鮮料理，做菜的時候總是不會忘記兩個人的喜好。在各種體貼心意的滋味中，安穩的時光靜靜地流逝。

上／黃媽媽的家屬於住宅區，從樓上可以看見的景色。
左／吸引目光的土耳其藍色的電錶。
中央／樓梯和樓梯間。放著經常穿的夏季海灘拖鞋。
右／住宅的入口。

作法

1. 在調理碗裡打蛋，放入醬油、鹽和水充分攪拌。蔥切成約 5mm 寬的細末。

2. 將大致切過、確實去除鹽分的菜脯放入平底鍋中稍微拌炒約 1 分鐘。不需要放油。

3. 放入 1 大匙左右的豬油，讓菜脯均勻沾裹上之後，放入蔥，再以小火拌炒。

4. 拌炒約 1 分鐘之後，將平底鍋離火，冷卻。

5. 稍微降溫之後，將菜脯和鹽放入蛋液裡混合在一起。在平底鍋放入 1 大匙的豬油之後，再倒入菜脯蛋液，以調理筷一邊稍微攪拌一邊煎。

6. 以中火煎，一面煎好再翻面煎。

7. 煎熟即完成。將盤子蓋在平底鍋上翻面，就可以將菜脯蛋漂亮地盛到盤子上。

10

鹹味溫和的圓形煎蛋

菜脯蛋

菜脯蛋以台灣料理來說，已經是無庸置疑的地位。菜脯蛋使用的是鹹度很高的台灣蘿蔔乾，在台灣的傳統市場或是乾貨店都有在賣。將新鮮的白蘿蔔以鹽搓揉，再陰乾約 3 天（晴天時），就是自製的蘿蔔乾。鹽可以放多一點為佳，蘿蔔呈現不會脆的狀態即完成。

菜脯的用量會決定鹹味的濃淡，因此，每一個家庭的口味不一。但是，因為菜脯的鹹度很高，放太多的話，料理會過鹹。像切大阪燒的高麗菜一樣切成丁，或是切成絲，菜脯的切法也有很多種。

材料（約 2 人份）

- ○ 雞蛋──4 顆
- ○ 菜脯──15 〜 20g
- ○ 蔥──3 支
- ○ 醬油──2 小匙
- ○ 水──1 大匙
- ○ 豬油──1 〜 2 大匙
- ○ 鹽──1 小撮

運用炒蛋的訣竅，以筷子一邊稍微攪拌一邊煎。

不得不提的台灣魚料理

在台灣的一般家庭很常見的、非常受歡迎的魚料理就是這一道。以蒸的手法料理白肉魚，不只是整尾蒸，切成塊也能以同樣的作法料理。雖然以電鍋製作的人很多，黃媽媽則是用瓦斯爐蒸。除了鱸魚以外，鯛魚或是鱈魚等白肉魚也可以使用這個作法。除了這種清爽的調味，也可以使用像味噌的豆豉做出重一點的調味。

清蒸魚

材料（約2人份）

○ 鱸魚 —— 1 尾（500～600g）
○ 醬油 —— 2 小匙
○ 醬油膏 —— 1～2 大匙
○ 豆豉 —— 1 大匙
　（豆子和湯汁都需要）
○ 蒜頭 —— 2 瓣
○ 薑 —— 約 1 塊
○ 蔥白 —— 1 支
○ 蔥綠 —— 適量
○ 生薑 —— 適量
○ 辣椒 —— 半條
○ 麻油 —— 2 大匙
○ 水 —— 100ml

薑可以用來去除魚的腥味，蔥則是避免魚皮黏在盤子上。

在中式炒鍋裡倒水，放上盤子的樣子。讓水不要直接碰到盤子，這點很重要。

作法

1. 將薑（沒有生薑的話）片塞進清
   掉內臟的鱸魚腹部和腮內。

2. 將切成 10cm 左右的蔥綠放在盤
   子上，再放上步驟 1。

3. 在鍋子裡倒水，為了讓盤子不會碰
   到水，先墊一個有高度的杯子，再
   將盛著鱸魚的盤子放入。蓋上鍋蓋
   蒸約 6 分鐘。

4. 熄火之後，繼續燜約 6 分鐘，再

取出蔥綠、薑片。

5. 將生薑切成絲備用。醬油、醬油
   膏和豆豉混合備用。在平底鍋裡
   放入 1 大匙的麻油，以小火稍微
   加熱，再放入生薑以中火炒至產
   生香氣之後，轉小火放入醬油、
   醬油膏、豆豉和 100ml 的水。

6. 放入切成細絲的蔥白，以中火拌
   炒，途中放入辣椒。

7. 煮至水分收乾之後，再放入 1 大
   匙的麻油，接著淋在步驟 4 上。

讓身體暖呼呼、具有苦味的湯品

麻油雞

天氣轉冷的話，熱門的麻油雞店在開店前就會大排長龍，因此可以這麼說，這道湯品是台灣冬天的季節料理。有益於生產後的女性，在台灣有產後 1 個月每天喝麻油雞湯的風俗習慣。不使用水，以米酒燉煮雞肉，因此，可以充分品嘗到米酒的苦味，其中還有雞肉的美味、麻油（黑芝麻油）的香味，形成一種神秘的風味。

讓料理更加美味！小筆記

日本的雞肉和台灣的雞肉相較之下，比較柔軟，因此，不要長時間燉煮過度為佳，來自黃媽媽的建議。雞皮是美味的來源，不可或缺。如果不敢吃雞皮，可以一起煮，食用之前去皮的話，湯頭會更醇厚。在湯裡加上麵線的話，就是麻油麵線！

材料（約 4 人份）

○ 雞肉 —— 1 隻（雞翅根或是雞翅）
○ 薑（切片）—— 500g
○ 米酒 —— 1800ml
○ 麻油 —— 30 ～ 50ml
○ 鹽 —— 少許

作法

1. 在鍋裡放入麻油和薑片，炒至產生薑的香氣、呈現金黃色的狀態。

2. 放入雞肉，稍微炒熟。

3. 將米酒倒入步驟 2，以小火燉煮約 30 分鐘。讓米酒確實淹過雞肉為標準份量。

4. 燉煮完成之後，最後以大火煮，讓酒精揮發。出現火焰的話，在消失之前蓋上鍋蓋。玻璃鍋蓋很危險，避免使用。

5. 以鹽調味即完成。

色香味俱全

滷豬腳

滷豬腳是流傳已久的料理,特別是在慶祝生日的時候,加上麵線一起吃,賦有祝賀長壽的意義。雖然以這種傳統的方法慶祝生日的家庭日漸減少,但是,當成一道菜受愛好的程度仍舊不輟。

醬油、甜甜稠稠的醬油膏和冰糖的組合,讓豬腳的顏色或是口味都很濃郁。

讓料理更加美味!小筆記

放入蒜頭一起煮也很美味。將豬腳的滷汁和燙過的麵線放在一起,豬腳麵線馬上就完成了,這種吃法也很美味。因為麵線很細,燙煮的時間很短,稍微燙一下就 ok。

材料(約 4 人份)

○ 豬腳(從後腳的膝蓋到豬蹄的部位最佳)—— 7 隻
○ 蔥白 —— 1 支
○ 醬油 —— 1 碗
○ 冰糖(沒有醬油膏的話,可以多放一點)—— 1 大匙

○ 醬油膏 —— 2 大匙
○ 米酒 —— 2 湯匙
○ 沙拉油 —— 適量
○ 水 —— 適量

作法

1. 豬腳汆燙之後,拔毛,以菜刀削到表面呈現光滑的狀態。
2. 將切成 5cm 左右的蔥以沙拉油拌炒。蔥只要使用蔥白部分。
3. 炒出蔥的香氣之後,放入豬腳拌炒。
4. 將米酒淋在豬腳上,再倒入冰糖、醬油、醬油膏燉煮約 30 分鐘。在此還不需要放水。
5. 豬腳整體滷到上色之後,倒入蓋過豬腳左右的水量,以小火燉煮約 40～50 分鐘即完成。

瓠瓜就是葫蘆。瓠瓜在台灣被當成夏天的食材食用，煮法有各種變化，可以炒可以燉，屬於萬用的食材。黃媽媽則是將瓠瓜煮成粥，煮得黏糊糊的瓠瓜，口感呈現在夏天也很好入口的柔軟度，又可以吸取豬肉或是蝦子的精華，成就完美的鮮味，令人驚豔的一道料理。

材料（約 4 人份）

○ 瓠瓜（大顆一點，如果是小顆的就準備 2 顆）—— 1 顆
○ 五花豬肉塊 —— 約 100g
○ 米 —— 約 1 合
○ 乾香菇 —— 1 把
○ 蝦米 —— 1 把
○ 油蔥酥（油炸過的台灣紅蔥）—— 適量

○ 鹽 —— 2 小匙
○ 高湯粉 —— 2 小匙
○ 醬油 —— 少許
○ 白胡椒 —— 少許
○ 沙拉油 —— 1 大匙
○ 水 —— 適量

作法

1. 將瓠瓜切成絲，乾香菇泡開後切片。五花豬肉塊切絲。

2. 將沙拉油倒入鍋裡，油熱之後，放入乾香菇和蝦米，稍微拌炒。

3. 炒至產生香氣之後，放入豬肉。以中火確實拌炒，炒至豬肉變色之後，再倒入醬油拌炒。

4. 放入瓠瓜充分拌炒。

5. 炒至瓠瓜稍微軟化之後，放入洗過冷藏一個晚上的米。黃媽媽說這個作法可以快一點煮熟。

6. 倒入可以淹過食材的水量，以小火煮約 10 分鐘。

7. 煮至表面噗滋噗滋產生泡泡之後，放入高湯粉和鹽，充分攪拌。

8. 依個人喜好的份量撒上白胡椒和油蔥酥，再攪拌。

水量以淹過食材為標準。不蓋鍋蓋煮，因此，水分會慢慢蒸發。

煮至表面噗滋噗滋產生泡泡之後，放入油蔥酥。

RECIPE

15

煮得軟糊的蔬菜料理

魩仔魚莧菜

讓魩仔魚的滋味更溫潤的食材是什麼呢？菠菜？空心菜？都不是，是莧菜。在日本很少被當成食材，在台灣被稱為莧菜的常見蔬菜。莧菜和魩仔魚一起煮的話，可以成就一道甘甜的美味。柔軟的口感是這道料理的靈魂，「只要有一點點硬的話，就不好吃了」黃媽媽這麼說。

材料（約 2 人份）

- ○ 莧菜（也可以用海帶芽取代）—— 3 ～ 4 把
- ○ 魩仔魚 —— 1 把
- ○ 蒜頭 —— 1 瓣
- ○ 鹽 —— 半小匙
- ○ 高湯粉 —— 半小匙
- ○ 胡椒 —— 少許
- ○ 菜籽油 —— 2 大匙
- ○ 太白粉（在此使用的是蓮藕粉）—— 4 小匙
- ○ 水 —— 約 130ml

作法

1. 沖洗魩仔魚。切莧菜，莧菜不要切太細，留下一些大片的葉子。蒜頭切片。
2. 將菜籽油倒進平底鍋，拌炒蒜頭和魩仔魚，約 5 分鐘後再放入莧菜。
3. 將火候稍微調小，蓋上鍋蓋燜煮。在這個空檔，將太白粉以 30ml 的水溶解備用。
4. 煮至莧菜的葉子已經完全軟化之後，倒入 100ml 的水，繼續煮。煮 3 分鐘之後，放入鹽、高湯粉再繼續煮。偶爾攪拌一下，讓整體煮勻。
5. 煮至莧菜呈現黏糊糊、軟化的狀態為止，再煮約 5 分鐘左右。放入鹽、高湯粉之後約 5 分鐘為標準。
6. 倒入太白粉水攪拌，勾芡之後，淋上 1 大匙的菜籽油增加色澤，讓整體的味道更融合。

讓料理更加美味！小筆記

為了凸顯魩仔魚的滋味，特別留意不要放太多鹽和高湯粉。一邊斟酌份量一邊試味道調整的話，就不會出錯。

當
成
飲
料
或
是
零
食
都
可
以

紅
豆
湯

夏天吃冷的冬天吃熱的，像吃汁粉[註2]一樣食用，流傳已久的台灣紅豆甜點。直接吃也可以，加上湯圓一起吃也可以，或是放入年糕食用，都是令人安心的滋味。將紅豆換成綠豆的話，就能變成適合夏天吃的清爽甘甜的甜點。黃媽媽使用的是冰糖製作，用砂糖製作也可以。

材料（約 4 人份）

○ 紅豆——300g
○ 冰糖——約 200g
○ 水——1000～2000ml

作法

1. 將紅豆洗淨，放入調理碗裡，泡水約 2 個小時備用。
2. 將洗過的紅豆放入鍋裡，倒入可以蓋過食材的水量（大概 4 碗），煮至柔軟的狀態為止。
3. 同時，在另一個鍋子煮沸大約 1 杯的水，將冰糖融化，做成糖水備用。
4. 紅豆軟化之後，將步驟 2 倒入步驟 3 裡混合攪拌即完成。

讓料理更加美味！
小筆記

如果是將紅豆當成配料食用的話，水量可以再放多一點；當成像善哉[註3]一樣的點心食用的話，水量則可以放少一點。一般標準的話，紅豆 200g、冰糖 150～170g、水約 3000ml 為標準。黃媽媽的配方則是用多一點的水量。

註2：日式紅豆湯，用紅豆和砂糖熬煮成的甜品。

註3：日式紅豆甜點，用砂糖和紅豆熬煮成幾乎沒有湯汁的濃稠狀態。

父親故鄉的紅麴

紅糟

這是黃媽媽父親的故鄉福建的一種傳統保存調味料。塗在肉類或是魚類上料理，或是放入煎蛋、炒飯，可以應用在各種料理上。具有發酵調味料一般的深層美味和酒的風味。

使用的時候，準備乾淨的容器和筷子，避免沾染任何的水氣。直到完成為止，需要耗時 3 個月，花費心力製作，在黃媽媽家的餐桌上不可欠缺的味道。

材料（約 2 人份）

○ 糯米 —— 600g
○ 紅麴 —— 300g
○ 砂糖 —— 100g
○ 鹽 —— 50g
○ 水 —— 適量

作法

1. 將糯米浸泡一個晚上，紅麴浸泡約 6 個小時備用。將浸泡紅麴的水煮滾，再靜置使其冷卻。如果沒有經過這道手續，會長出黴菌，黃媽媽這麼説。

2. 將糯米、約 500ml 的水放入電鍋煮。如果沒有電鍋，使用一般的鍋子也可以。

3. 步驟 2 冷卻之後，放入紅麴，冷卻後的水也加入，混合攪拌。攪拌至水量和食材差不多的狀態即可。

4. 整體攪拌均勻之後，將步驟 3 放入消毒過的瓶子裡，靜置 6 天。攪拌的時候，要使用完全沒有水氣的筷子攪拌。在這之後的步驟避免接觸到任何的水分。

5. 將 80g 的砂糖、50g 的鹽加入步驟 4，充分攪拌至均勻為止。攪拌完成之後，在最上面放入 20g 的砂糖，不需要攪拌，蓋上瓶蓋，放入冰箱冷藏保存。

6. 經過 3 個月左右，即可食用。

只要使用這個，馬上變得超美味！

豬油

僅僅只是煎蛋、只是普通的炒菜、只是簡單的麵，為什麼這些食物在台灣會特別美味，其中的秘密一語道破就是這些菜都用了豬油。只是少量的使用，就能產生戲劇化的美味，成為台灣味道的魔法食材。雖然市面上也有現成的豬油，但是廚藝很好的媽媽們還是講究地自己製作。慢慢地榨油的同時，母親的愛也一點一滴地釋放。

材料（約4人份）

○ 豬肉脂肪的部分 —— 適量

作法

1. 將豬肉脂肪部分切成小方塊狀，切成差不多的尺寸是重點。
2. 放入平底鍋，以小火確實煎熟。一邊攪拌一邊加熱的話，豬肉的脂肪會慢慢釋放出來，因此，脂肪的水泡消失之後，就是榨取豬油的最佳時機。
3. 將平底鍋中的脂肪倒入濾網，濾掉肉塊和雜質。
4. 稍微放涼之後，放入消毒過的保鮮盒或是瓶子等保存容器冷藏保存。冷卻之後會形成固態。

王媽媽

沒有肉類也很美味、素食家庭的媽媽味

講話溫文儒雅的王媽媽，身上的圍裙是大姑送的，可以看出姑嫂感情深厚。老家是在台北鄰近的桃園的農家，在五人兄弟姊妹中排行老大。回到台北之後，餐桌上經常會出現老家採摘的蔬菜或是水果。

　　佔整體人口總數趨近15%，台灣吃素的人口比例很高。不管是因為宗教、文化或健康各種理由吃素的人都有，在路上隨處可見為了吃素的人開設的餐廳或是食堂。「素食」在台灣是茹素的人吃的料理的意思。在台北的路上走路稍微留意的話，實際上到處都可以看到這個字眼「素食」。王媽媽一家也是屬於茹素的成員之一，在台灣並不罕見。

　　在嫁進王家之前，王媽媽很少下廚，也不是吃素的人。王爸爸的家族因為信仰和健康的關係不吃肉類，因此，王媽媽自然地也融入這個家的生活習慣。教王媽媽做菜的是她的婆婆，比有血緣的親子更長時間的生活在一起，她們的相處已經相當自然。因此，在每天為了全家人做菜的過程中，慢慢地變成廚藝精湛的媽媽。因為宗教的關係吃素的人當中，也有一部分屬於嚴格禁慾主義者，蛋也不能吃，蔥、薑、蒜、九層塔、韭菜、洋蔥這些香氣濃烈的蔬菜也不能碰。但是，

充滿家族記憶的照片！到各地旅行，留下很多照片。將照片洗出來，大家一起回顧，也是一種樂趣。

以王媽媽家的情況來說，蛋可以吃，辛香料的蔬菜也沒忌諱。所謂素食主義不能吃的品項，根據每一個家庭或是個人有所差異。

王爸爸的家族是住在台北的住宅區民權西路一帶，房子位於大馬路上的一般公寓，但是，住在這裡的時間，一年大概只有一個月。1995 年王爸爸因為工作的關係，全家人移民到加拿大的溫哥華，從那個時候以來，只有在每年的假期才會回台灣。客廳或是廚房的東西很少，生活的氣息比較薄弱。但是，王爸爸王媽媽、和活力十足的孫子、婆婆、大姐（P38 登場的黃媽媽，黃媽媽和王爸爸是姊弟），以及認識 30 年以上、善於製作素食料理的親友，讓整個家裡的氣氛熱鬧又溫馨，為本來稍微冷清的空間注入一股溫暖的氣息。

左上 / 為了拍攝，吃飯氣氛變得有點緊張。　右上 / 來幫忙的親友也一起圍在餐桌上吃飯。

左下 / 王媽媽老家採摘的西瓜。　右下 / 害羞不敢面對鏡頭的孫子。

　　坐在客廳的沙發上，聽著王媽媽關於料理的說明。途中，提到豆腐乳（使豆腐發酵，具有濃厚口感及氣味的食材）的時候，得知日本幾乎沒看過這種食材的王媽媽，發出：「誒～日本沒有？」這樣的驚嘆，「我拿給你們看喔！到處都有的豆腐乳，我們家的還有放入梅子。我去拿喔，等一下」，王媽媽、大姐、親友們都一起出動找豆腐乳。一會兒之後，在廚房發現豆腐乳嚐味道，聽見「啊，好好吃啊！」的聲音。之後，豆腐乳被盛在可愛的盤子上端到桌上。「在加拿大，會用這個取代奶油塗在麵包上」，聽著豆腐乳的萬用功能，在媽媽們的好感情和親切的對待之下，心靈再次獲得療癒。

　　在溫哥華，和女兒夫婦、孫子、婆婆以及愛犬，一家七口住

在手工打造的大型木屋。在木屋
裡，有著一座可以悠閒散步的庭
園。因為女兒不做菜，掌廚的還
是王媽媽。王媽媽還有在工作，
在工作前先備料，下班回家之後
可以快速上菜，基本上都是五菜
一湯，因為人數比較多，份量和
道數也不能輕忽。在海外生活，
每天做菜有沒有無法取得、很麻
煩的食材？我們這麼問王媽媽，
「豆腐也有在賣，在加拿大吃素
食其實很方便」王媽媽這麼回答。
原來如此，有時候，全家也會外
出吃早餐，在那些外食的料理中
得到一些做菜的靈感。

在取材的最後，大家一起拍照留念。從右邊開
始是王爸爸、王媽媽、孫子、大姐黃媽媽、婆
婆、妹妹夫婦。大家的笑容都非常棒！最後還
泡咖啡給我們喝，送我們來自加拿大的土產，
真的是很善良的一家人！

味道溫潤、軟呼呼的糯米飯

素食油飯

這道料理像是醬油口味的溫潤 おこわ[註4]，廣受好評的油飯。本來是使用豬肉製作，在吃素的王媽媽家則是用大豆製作的火腿取代肉。當然使用一般的火腿肉也可以，以豬肉製作也可以。順帶一提，這個料理方法和台灣北部的粽子作法相同。以大豆火腿製作的油飯和肉做的油飯相比，絲毫不遜色。

註4：おこわ是日本人在年節或是特定的大節日用來慶祝的一道料理，以糯米和各種食材一起炊煮，口味因各地飲食習慣或是家庭作法而異。

材料（約 4 人份）

○ 糯米 —— 5 合
○ 香菇 —— 10 朵（小一點）
○ 腰果 —— 50g
○ 菜脯 —— 25g
○ 醬油 —— 2 湯匙

○ 麻油 —— 1 湯匙
○ 薑 —— 適量
○ 素食火腿
（大豆製作的火腿，沒有的話，以火腿取代也可以）—— 適量
○ 水 —— 2 飯碗

作法

1. 將糯米洗淨，泡水（份量外）2 個小時備用。這個時候，腰果也另外泡水 2 個小時備用。

2. 將腰果加入糯米一起炊煮。放入以稍微超過糯米左右為標準的水量。菜脯充分清洗，確實去除鹽分備用。

3. 將腰果以外的食材切成粗丁。

4. 將醬油和麻油倒入平底鍋，加入切成丁的香菇和薑，以中火稍微炒至產生香味為止。

5. 產生香味之後，依序放入火腿、菜脯，再拌炒。

6. 全部的食材都炒熟之後，在平底鍋裡倒入 2 飯碗的水量，煮至水分剩下一點點為止。

7. 將步驟 6 和煮好的糯米充分混合拌勻即完成。

ㄅㄨㄞ！ㄅㄨㄞ！純白色的衝擊

豆腐腦

豆腐腦也是豆腐的一種，以花生製作而成的豆腐。明明沒有什麼味道，卻能嚐出一股淡淡的花生味。入口之後的滑嫩口感，和台灣的甜味黏稠醬油「醬油膏」的組合，簡直是神作。也可以加熱當成配菜食用。吃過一次之後，會無法自拔地愛上，純白色的、易碎的樣子，實際上卻是具有衝擊力的美味，非常厲害的一道料理。

材料（3 小碗份）

○ 新鮮花生 —— 300g
○ 地瓜澱粉 —— 80g
○ 玉米澱粉 —— 160g
○ 米粉 —— 50g

○ 水 —— 2000ml
○ 枸杞子 —— 少許
○ 醬油膏（台灣的甜味濃稠醬油）
　　—— 1 大匙

作法

1. 將花生洗淨，泡水（份量外）一個晚上備用。帶殼的花生先剝殼再泡水。
2. 將步驟 1 和 1800ml 的水用果汁機絞碎。
3. 將地瓜澱粉和玉米澱粉以 200ml 的水溶解備用。
4. 將步驟 2 和步驟 3 倒入鍋裡，轉小火。用木匙以同一方向攪拌 15 分鐘。煮滾之後，趁熱倒入模型裡，冷卻之後放入冰箱冷藏。
5. 冷卻之後，在盤子盛上食用的份量，再淋上調味料和配料。在王媽媽家，是淋上醬油膏和枸杞子。

放入模型裡的樣子。吃冷的話，也可以淋上蜂蜜，加上水果或是楓糖漿，很適合。用大一點的湯匙挖取，盛在盤子上食用。

蒸一蒸吃熱的也很美味喔！淋上勾芡的配料，就是一道好吃的料理。照片裡的配料，是新鮮海苔加上枸杞子一起煮，再以醬油和昆布高湯調味勾芡。

不只是可以配粥而已

腐乳空心菜

提到豆腐乳，印象中就是很適合配粥的發酵食品。但是，在台灣的家庭也被當成料理的調味料使用，其中用來炒蔬菜的作法，整體的口味非常融洽。口感濃郁的豆腐乳味道讓空心菜入味，特別下飯。不只是和粥的組合受到注目，和蔬菜的組合則位居第二。

材料（約 4 人份）

○ 空心菜 —— 3 ～ 4 把
○ 豆腐乳 —— 15 ～ 20g
○ 沙拉油 —— 1 大匙

○ 辣椒（斜切片）—— 1 ～ 2 條
○ 薑 —— 1/2 塊

作法

1. 將豆腐乳從瓶中取出，倒入碗裡，以湯匙壓成膏狀備用。也加入少許豆腐乳的湯汁，使其保持滑順的狀態。

2. 將沙拉油倒入平底鍋，放入辣椒和薑絲，炒至產生香味。

3. 產生香味之後，取出辣椒。

4. 將步驟 1 放入步驟 3。

5. 放入切段的空心菜，一邊攪拌一邊以大火快炒。試味道，如果鹹度不夠，再加豆腐乳。

6. 炒至葉子確實軟化之後，即完成。避免炒過頭是製作重點。

王媽媽使用的是放入梅子的豆腐乳。辣味的、放入豆類的等等各式各樣的豆腐乳都有，依據個人喜好找出自己喜歡的豆腐乳口味。取代奶油，抹在吐司上也很美味喔！

口感多層次的湯品

冬瓜菇湯

入口即化的冬瓜和彈牙口感的杏鮑菇形成對比，撞擊出一道很有趣的湯品。雖然看起來表面好像浮著一層油很厚重，實際上，卻是鹽和昆布高湯的清淡風味。因為王媽媽家吃素，使用的是牛蒡、木耳和紅蘿蔔手工製作的蔬菜丸子，也可以製作魚肉丸子或是肉丸子使用喔！

材料（約 4 人份）

- 冬瓜（大顆一點）—— 1/2 顆
- 杏鮑菇 —— 3 ～ 4 條
- 丸子 —— 6 ～ 7 顆
- 鹽 —— 4 小匙
- 昆布高湯（顆粒）—— 1 小匙
- 紅棗 —— 5 ～ 7 顆
- 薑 —— 適量
- 水 —— 約 1000ml
- 沙拉油 —— 少許
- 鹽 —— 少許

作法

1. 將冬瓜切成一口大小，丸子和杏鮑菇切片備用。
2. 起一鍋水，沸騰之後，放入冬瓜和薑片一起煮。不蓋鍋蓋，以大火煮。
3. 煮至冬瓜呈現軟化的狀態之後，放入杏鮑菇和洗淨的紅棗。
4. 在平底鍋裡倒油，放入丸子，以大火煎至丸子表面確實上色。
5. 步驟 3 沸騰之後，稍微調小火候繼續煮。食材都煮熟之後，放入鹽、昆布高湯粉。
6. 在食用之前，放入步驟 4，稍微再煮一下即完成。

冬瓜切成稍微大一點的一口大小，和薑片一起煮。水量以完全淹過冬瓜左右為標準。薑和紅棗都具有暖化身體的功能。

王媽媽的蒸式豆腐

油鑲豆腐

以豆皮包裹住豆腐和餡料，也就是像日式油炸豆腐丸子的一道料理。蒸過之後再淋上醬汁，即完成。和豆腐搭配的食材，不只是筍子或毛豆，如果有其它具有口感的食材也可以。

雖然看起來小小的，肚子餓的時候吃卻很有飽足感，不只是健康，份量也很滿足。對於不吃肉的王媽媽一家，這道料理則被當成主食。

材料（約 4～5 人份）

○ 豆皮 —— 7 片
○ 乾香菇 —— 1 把
○ 筍子 —— 1 把
○ 毛豆 —— 1 把
○ 豆腐　　半塊

○ 沙拉油 —— 適量
○ 醬油 —— 1 大匙
○ 蘆筍（細一點）—— 適量
○ 太白粉 —— 1 小匙
○ 香菜 —— 少許

作法

1. 將筍子和毛豆約略燙過。乾香菇以熱水泡開，這個泡香菇的水之後會用到，留著備用。將香菇和筍子切丁，毛豆切碎。
2. 在平底鍋裡倒油，放入步驟 1 拌炒，炒熟之後，放入醬油。
3. 醬油都入味之後，熄火，放入豆腐攪拌。
4. 將豆皮淋上熱水去除油脂，再切成一半，將步驟 3 填入豆皮裡。填入之後，再放上切碎的香菜。
5. 蒸煮步驟 4。王媽媽是以電鍋蒸，使用一般鍋子蒸也可以。蒸好之後，會產生湯汁，這個湯汁可以利用不要倒掉。
6. 將蒸好的步驟 5 排列在平底鍋上，倒入泡香菇的水和少許醬油（份量外），轉小火。不蓋鍋蓋，讓水分邊煮邊蒸發。
7. 將步驟 5 產生的湯汁放入平底鍋，再加入以水（份量外）溶解太白粉的粉漿，煮完之後，在整道料理上淋 1 小匙的沙拉油即完成。

以豆腐皮包捲香菇和菇類食材的豆皮捲。這道料理是王媽媽的婆婆傳授的家族滋味。

雖然調味只有醬油，乾香菇的高湯卻會提升滋味的層次。將豆皮包好幾層，雖然很柔軟，卻也很有口感，一咬下去，湯汁四溢在嘴巴裡。也可以像壽司捲一樣切過再食用。

以豆腐皮捲起的香菇捲

豆皮捲

材料（約 4 人份）

○ 豆腐皮（直徑約 30cm 的薄片狀）—— 10 片
○ 乾香菇 —— 10 朵
○ 柳松菇 —— 適量

○ 沙拉油 —— 少許
○ 醬油 —— 2 小匙

作法

1. 將沙拉油倒入平底鍋，倒入醬油、泡開切成細絲的香菇，以中火炒至產生香味。

2. 將柳松菇的菇傘部分去掉不用，再將梗部切成 1cm 左右的細丁備用。步驟 1 炒至產生香味之後，再放入柳松菇一起炒。

3. 將 5 片豆腐皮攤開重疊，放上步驟 2 的炒料時，塗上平底鍋中的湯汁。5 片豆腐皮為一組，10 片可以分成 2 組。

4. 將步驟 2 的炒料擺成細長條狀，再捲起來。

5. 靜置讓豆腐皮吸收湯汁。

6. 以小火蒸約 15 分鐘。在鍋子裡放水，再放入茶杯架高，這樣蒸的方法為佳（參閱 P.11）。

7. 蒸好之後放涼，放入冰箱充分冷卻。食用之前再切即完成。

捲好餡料的豆腐捲。塗上在炒料的時候產生的湯汁。因為柳松菇是味道偏淡的菇類，如果沒有，以其它菇類取代也沒問題。

RECIPE 25

不需要使用肉類也可以完成

滷肉飯（素食版）

在吃素人口很高的台灣，有販售很多以大豆製作取代肉類的食材，使用這樣的食材料理，王媽媽的素滷肉飯就是屬於這樣的料理。如果不説，不管是外觀或是味道都不會注意到沒有使用肉類的高品質！

烤麩（左）和生麩（右）。在台灣專賣素食食材的店都有販賣。

材料（約 5～6 人份）

○ 烤麩（以熱水泡開）—— 適量
○ 生麩 —— 適量
○ 醃小黃瓜 —— 適量
○ 乾香菇 —— 適量
○ 素食火腿 —— 適量
　（以大豆製作的火腿取代肉）

○ 沙拉油 —— 2 小匙
○ 五香粉 —— 少許
○ 醬油 —— 1 大匙
○ 醬油膏 —— 2 小匙
○ 水 —— 適量

作法

1. 將所有食材都切成粗丁備用。乾香菇和烤麩泡熱水之後，切成粗丁。

2. 在平底鍋裡倒入沙拉油，稍微拌炒步驟 1，炒至產生香菇的香氣。

3. 將五香粉、醬油、醬油膏、水另外煮開。

4. 將步驟 3 倒入步驟 2，煮至食材都上醬色入味為止。

> **讓料理更加美味！**
> **小筆記**
>
> 雖然醃小黃瓜用現成的也可以，王媽媽都是自己親自手作。將小黃瓜切成細條狀陰乾 1 天，去除水分，和醋、砂糖、醬油和水混合攪拌一起煮。小黃瓜入味之後，冷卻，裝入瓶子裡，放入冰箱冷藏。靜置數天後，味道會更入味。調味料和水的份量完全根據個人喜好。

熊媽媽

混搭各地美食的家常媽媽味

熊媽媽（右）和女兒（左）。熊媽媽有 3 個小孩，大女兒和雙胞胎的弟弟妹妹。照片中一起拍照的是雙胞胎的妹妹，在台北的飯店工作，和媽媽的互動往來很頻繁。兩個人交握的手，可以看出感情的深厚。

「本來都是喜歡穿一些黑色系樸素的衣服」身上穿著彩虹顏色衣服的熊媽媽大笑地這麼說。「但是因為今天要接受採訪，朋友跟我說要穿亮一點絕對比較好」熊媽媽跟我們解釋當天穿搭的理由。淡粉色的耳環、手環和戒指搭配成套，很可愛，和臉上的笑容同時擄獲住我們的心。

在熊媽媽的家的所有一切都流露出熊媽媽式的「可愛」的氣氛。客廳裡放著好幾張和熊爸爸合影的照片當成空間的裝飾，還有印著照片的大海報和抱枕套，用來妝點牆壁和沙發。即使熊爸爸已經過世好幾年，他們之間的愛情毫不褪色，洋溢在整間屋子裡。面向廚房的走道的牆壁上，貼滿家人的照片，正在使用印上和孫子一起拍攝的照片的馬克杯。愛不釋手的凱蒂貓圖案的麻將、旅行時從各地收集買來的亮晶晶小物，處處充滿熊媽媽的溫柔心思和對家人的愛，儼然就是熊媽媽的小天地。雖然熊媽媽說自己喜歡黑色的服裝，但是，我們卻認為彩色似乎更能詮釋熊媽媽的心思和氣氛。

住家在台北鄰近的住宅城，新北市永和的樂華夜市附近，附近就有捷運站，往來台北市區也很方便。這個住處是 10 年前左右搬來的，因為熊媽媽的腳稍微不方便，以前的住家是位在沒有電梯的 4 樓，不太方便，而搬到現在位於 7 樓的家，大樓附有電梯，住起來很舒適方便。雖然是一個人住，但是女兒和朋友們頻繁地在家裡走動，屋子裡到處都是濃厚的生活痕跡。興趣很多的熊媽媽，不管是卡拉 ok、麻將、拼布、編織都有涉略，每天都在這些興趣中充實快樂地生活。提到此，在進入這棟大樓的時候，一度在大廳徘徊找不到方向，向管理員詢問：「請問熊媽媽…」，「啊，在 7 樓的電梯出口左邊」馬上意會到回答我們。現在回想起來，這位管理員如此習慣地應答，大概是熊媽媽家平常出入的客人很多的緣故吧！

熊媽媽來自台灣的西南部城市嘉義，雙親都是客家人，20 歲之後離鄉背景，來到台北工作。雖然和祖母、母親、哥哥一起生活，身為么女的熊媽媽，幾乎不

1／兩種圍裙，掛在廚房的門上。

2／玄關的門上，掛著傘和慶祝節日的裝飾。

3／從夫妻合影的海報和抱枕套可以看出情誼之深。

4／熊媽媽很喜歡的麻將是凱蒂貓圖案！

5／從客廳往廚房的走廊。右邊貼滿很多具有紀念性的照片，左邊則是廚房。

「有好東西喔！」招待我們私藏手作梅酒的熊媽媽。
一邊談笑一邊小酌，母女感情深厚的樣子讓人心暖暖的。

左／在廚房裡做菜的熊媽媽。　中央·右／為數眾多的料理工具排列地很整齊。

做任何家事，開始做菜是結婚之後，在各種機會、不同地方吃到不同食物的時候，記住這些味道，慢慢地，也開始學習料理的方法。熊媽媽開始熱衷於研究製作料理，則是在結婚數年後，為了探訪家人，和熊爸爸一起前往中國的福建省，那一次不只是旅行，而是定居下來好幾年，成為熊媽媽展開下廚資歷的契機。

但是，旅居的當地料理很甜又勾芡，熊媽媽一開始很不習慣這樣的口味。只好從台灣帶調味

左／卡拉 ok 的遙控器。拿手歌是鄧麗君的《償還》。　　中間・右／隨處可見家人的照片。

料過去做菜的熊媽媽，做出來的台灣料理受到附近鄰居的好評，口耳相傳，連朋友的朋友，甚至是不認識的人，每天都有各式各樣的人來家裡吃飯。在中國生活了 4 年，再度回到台灣。在中國每天持續做菜之下，廚藝更加精進。除此之外，在那段期間，夫婦倆也愛上上海菜，做得一手好上海菜。如此一來，熊媽媽做的家常菜，除了有台灣、上海的口味，還具有雙親的客家元素，融合出最美好的滋味。

深受夫婦喜愛的上海料理

東坡肉

這道料理是熊媽媽夫婦最喜歡的料理，記憶裡旅居中國的經典美味。在慶祝新年的時候，也會大量製作送給朋友們的一道特別料理。入口即化的肥肉，好吃的程度直達天堂。表面是麥芽糖色，裡面是粉紅色的誘惑，讓人無法抵擋地動筷。直接吃也可以，切一、兩片放在白飯上的話，則會呈現另一種不同境界的美味。

材料（4～5 人份 ×3 塊）

○ 豬五花肉塊──
　長 15× 寬 30× 厚 7cm 左右的大小
　（因為要分成 3 等份使用，也可以使用好幾塊小一點的）
○ 冰糖 ── 4 小匙

○ 水 ── 適量
○ 蒜頭 ── 1 ～ 2 瓣
○ 米酒 ── 1 飯碗
○ 醬油 ── 50 ～ 100ml
○ 棉線

作法

1. 為了讓豬五花肉塊容易入味，切成 3 等份的手掌大小。

2. 以棉線在肉塊上綁出十字形。

3. 將步驟 2、米酒、醬油、切片的蒜頭放入鍋裡，加入淹過所有食材的水量。

4. 以大火煮滾之後，撈出雜質，加入冰糖，蓋上鍋蓋，以小火燉煮 4 個小時。

5. 煮至筷子可以輕鬆地插進肉塊、軟化的狀態之後，開大火，讓湯汁收到剩一點點。

6. 取出肉塊，剪掉棉線，將肉塊切成容易食用的大小。切的時候，使用廚房用剪刀會方便操作一點。

7. 盛在盤子上，從肉塊上方淋上湯汁，即完成。肉塊下也可以鋪上燙過的蔬菜，色彩呈現會更美。

燉煮中的樣子。放入冰糖會讓肉塊的顏色更漂亮。煮到讓湯汁剩下一點點是最佳狀態。為了防止肉塊支解，而綁上棉線。

直接以這個狀態放入塑膠袋冷凍保存的話，可以保存 1 個月。用兩層塑膠袋確實綁緊，湯汁也一起放入保存。

拌進大量蔬菜的飯料理

菜飯

在白飯裡放入青江菜的上海料理，這是熊媽媽的拿手菜，作法也很講究。蔬菜炒好之後，和白飯拌在一起，可以呈現出蔬菜美麗顏色的一道料理。美味的關鍵是被稱為雪裡紅的醃芥菜。為了讓雪裡紅和青江菜不要破壞整體的味道，鹽稍微放少一點。

材料（4～5 人份）

○ 青江菜 —— 600g
○ 雪裡紅（醃芥菜）—— 200g
○ 白飯 —— 2 合

○ 鹽 —— 2 小匙
○ 橄欖油 —— 適量

作法

1. 將青江菜和雪裡紅各別切成丁。盡可能切細一點，可以釋放更多味道。
2. 在平底鍋裡倒入橄欖油，放入青江菜和 2 小匙的鹽，以大火拌炒。
3. 再加入雪裡紅，以大火快速拌炒。
4. 青江菜煮熟之後，放入白飯大火拌炒即完成。

讓味道不要太鹹是這道料理的關鍵。放入 XO 醬也很美味。不是剛煮好的白飯也沒關係，可以利用前一天剩下的白飯，善用食材。

拌炒乾式豆腐

豆乾炒肉絲

被稱為「客家小炒」的炒豆乾（豆腐乾燥之後的食材），是住在深山地區的客家人很熟悉的一道料理。豆乾具有咬勁，飽足感高，又很健康。在醬油裡加入一點點的砂糖，甜甜鹹鹹的調味呈現很下飯的鹹淡。因為口味重，冷掉也很美味，當成便當的配菜好像也可以。

材料（約 4 人份）

- 豆乾 —— 300g
- 豬肉（切成絲）—— 150g
- 蒜苗 —— 3～4 支
- 蔥白 —— 1 支
- 辣椒 —— 1 條
- 蒜頭 —— 1 瓣
- 太白粉 —— 1 小匙

- 醬油 —— 4 大匙
- 醬油膏 —— 2 小匙
- 糖球 —— 1 個
- 鹽 —— 1 小匙
- 沙拉油 —— 少許
- 水 —— 200ml

作法

1. 將豆乾切成絲，稍微汆燙洗淨。將豬肉和 1 大匙的醬油、蒜片混合備用。將蒜苗（搓鹽備用）、蔥白、辣椒斜切成和豆干相同的長度。

2. 將沙拉油倒入平底鍋，再放入 3 大匙的醬油，接著放入豆乾大火拌炒。稍微煮熟之後，加入 150ml 的水和糖球稍微拌炒，蓋上鍋蓋，煮約 3 分鐘。途中數次攪拌。

3. 不蓋鍋蓋，一邊讓水分蒸發一邊拌炒，水分幾乎收乾之後，取出豆乾。

4. 稍微洗一下平底鍋，在平底鍋倒入沙拉油，以大火拌炒豬肉。煮熟之後，取出備用。

5. 再倒入沙拉油在平底鍋裡，放入蒜苗、蔥、辣椒、鹽和 50ml 的水一起拌炒，煮熟之後取出。

6. 將豆乾放回平底鍋之後，倒入醬油膏拌炒。再放入所有炒料混合攪拌，以小火拌炒。因為食材都已經炒熟，稍微拌炒即可。

讓料理更加美味！
小筆記

單炒豆乾會太硬，因此，加入一點
水，蓋上鍋蓋煮的話，可以煮出軟
軟的口感，很好吃喔！來自熊媽媽
的秘訣。如果沒有醬油膏，醬油和
砂糖放多一點替代。

清爽口味的花枝拌菜

涼拌洋蔥海鮮

調味清爽的汆燙花枝，適合夏天吃的一道料理。以醋和醬油當成基底，搭配薑泥和蒜頭的醬料。如果和辣椒或是香菜一起搭配的話，更是絕妙的組合。放入冰箱冷藏後冷卻食用也可以。花枝的白色和彩椒的紅、香菜的綠色、醬料的咖啡色組合，在視覺上也能刺激食慾。

材料（4～5 人份）

- 花枝——1 杯
- 彩椒——1/2 顆
- 青椒——1/2 顆
- 洋蔥——1/2 顆
- 蒜頭——1～2 瓣
- 生薑——1 塊

- 砂糖——2 小匙
- 醬油——3 大匙
- 醋——4 大匙
- 麻油——2 小匙
- 酸梅粉（甜甜酸酸的梅子粉）——少許
- 香菜——適量

作法

1. 將洋蔥切絲，泡水，去除辛辣味。將彩椒和青椒切絲。
2. 將生薑和蒜頭磨成泥（A）。將醬油、砂糖、醋、麻油、酸梅粉混合攪拌做成醬汁（B）。
3. 將花枝的內臟和軟骨取下，切成一口大小之後，為了讓醬汁入味，切出幾道紋路。
4. 以熱水汆燙花枝。放入沸騰的熱水中，數十秒之後，熄火，靜置約 3 分鐘，使其慢慢煮熟。
5. 將洋蔥、彩椒、青椒和花枝混合攪拌，淋上（A）和（B）拌勻，再撒上香菜碎即完成。

**讓料理更加美味！
小筆記**

用蝦子取代花枝，彈牙的口感也別有另一番美味。加入腰果或是花生的話，能夠增加不同口感的樂趣。

客家料理的明星選手

梅乾扣肉

梅乾菜是客家料理必備的食材，將芥菜這類的葉菜蔬菜，經過日曬、鹽漬而成。水分釋出之後，再曬乾、醃漬，使其發酵，經過數個月製作而成的醃菜，可以做成保有水分的新鮮醃菜，或是乾燥的醃菜各式各樣。運用這種梅乾菜調味的五花豬肉塊，無法忽視其耀眼的美味光芒。

材料（4～5人份）

○ 豬五花肉塊 —— 300g
○ 梅乾菜（新鮮的或是乾燥的都可以）
　—— 100～200g
○ 醬油 —— 3大匙

○ 米酒 —— 3大匙
○ 冰糖 —— 2小匙
○ 薑（切片）—— 適量

作法

1. 將梅乾菜充分洗淨。因為上面會沾附很多灰塵和石頭，需要仔細地清洗。將洗過的梅乾菜切成細絲。
2. 將肉塊切成一口大小，汆燙去除雜質腥味。
3. 將步驟 2 整齊地排列在飯碗或是調理碗等圓形、具有耐熱功能的容器裡，倒入醬油、米酒、冰糖。最後鋪上大量的梅乾菜，再鋪上薑片。
4. 蒸煮肉塊。熊媽媽使用電鍋，在電鍋裡放入 2 飯碗的水，蒸煮 1～2 個小時，期間，兩度關掉電鍋，讓肉塊稍微休息，再度蒸煮。（以瓦斯爐蒸煮的時候，使用相同的時間。蒸法請參閱 P.11，需要有鍋蓋）
5. 蒸好之後，放入冰箱冷藏一個晚上，食用之前再度蒸煮加熱。
6. 在調理碗放上盤子，倒扣盛盤。

將梅乾菜放在肉塊上的時候，盡可能保持平整，倒扣的時候樣子會比較漂亮。容器和盤子倒扣的時候，要一股作氣。梅乾菜使用的份量，每一個家庭不盡相同，請根據個人喜好。

31

可愛感十足的什錦煮

客家湯圓

放入粉紅色或白色的小湯圓，完全就像是一道甜點的湯品，其實是類似什錦煮的湯品。以糯米做成的湯圓當成食材，運用乾香菇、蝦米和鹽簡單的調味，也有油蔥酥（油炸過的台灣紅蔥）的提味。

材料（4～5 人份）

- ○ 湯圓 —— 600g
- ○ 乾香菇 —— 1 把
- ○ 乾蝦米 —— 20g
- ○ 油蔥酥 —— 1 把
- ○ 蔥 —— 1 ～ 2 支
- ○ 芹菜 —— 適量
- ○ 鹽 —— 1 小匙
- ○ 胡椒 —— 少許
- ○ 沙拉油 —— 適量
- ○ 水 —— 800ml

讓料理更加美味！
小筆記

如果沒有湯圓的話，以糯米粉和水 5：4 的比例揉捏，自己做也可以。湯圓的尺寸做得稍微小一點。

作法

1. 清洗蝦米，泡開香菇切成細絲。
   將蔥切末，芹菜也切末。同時，
   以大量的水燙熟湯圓備用。
2. 首先製作湯頭。在平底鍋裡倒入
   沙拉油加熱，放入蝦米、香菇、
   油蔥酥拌炒，炒至產生香氣。
3. 產生香氣之後，加水以大火煮開。

4. 湯圓煮軟之後，放入預備盛裝的
   食器。
5. 在做好的湯頭中放入鹽、胡椒、
   蔥末混合攪拌，熄火備用。
6. 將湯淋進裝著湯圓的食器裡，撒
   上芹菜末即完成。

苦瓜排骨湯

對於台灣的食堂、夜市攤販的常客來說，這是一道很普遍、超級受歡迎的湯品。即使是初次造訪的店，總之就點這道湯品，也不會出錯的安心感的一種存在。悠遊在從豬肉和骨頭釋出鮮美的湯品中，煮得軟軟、幾乎要化開的白苦瓜，滋味很奧妙，剛剛好的鹹淡濃度，不管搭配什麼配菜都很適合。

材料（4～5 人份）

○ 帶骨豬肉 —— 600g
○ 苦瓜（大一點）—— 1 條
○ 鹽 —— 2 小匙
○ 水 —— 2000ml

作法

1. 將切成一口大小的帶骨豬肉汆燙，瀝出雜質。

2. 將苦瓜切成一口大小。如果切成稍微大塊一點，會比較花費時間煮，卻很美味。

3. 將步驟 1 和步驟 2 放入鍋裡，倒入水，煮至苦瓜軟化為止。剛開始以大火煮開，撈取雜質，接著蓋上鍋蓋，以小火慢慢燉煮。

4. 煮至以筷子插入苦瓜，可以馬上穿過的狀態就是好了。以鹽調味即完成。

> **讓料理更加美味！小筆記**
>
> 在日本，綠苦瓜比較容易取得，和台灣的白苦瓜相比，苦味更強一點，因此，在日本做這道湯品的時候，請確實去除苦味，放入的苦瓜份量也調整成少一點。

大量蒜頭補充夏天的體力

涼麵

炎炎夏日，怎麼樣就是沒什麼食慾，這個時候，涼麵就很容易入口。台灣的涼麵（像日式的中華冷麵）雖然是以麻醬為基本調味，在熊媽媽家卻是以醋和醬油做出清爽的調味。西哩呼嚕！除了容易入口的程度，蒜泥可以帶來體力，是一道可以增加能量的麵食。

材料（4〜5人份）

○ 油麵（以中華冷麵取代也可以）—— 2人份
○ 小黃瓜 —— 1/2 條
○ 醬油 —— 5 小匙
○ 醋 —— 4 小匙

○ 砂糖 —— 1 小匙
○ 麻油 —— 1/2 小匙
○ 蒜頭 —— 1/2 〜 1 瓣

作法

1. 燙煮麵條，以水沖洗降溫。冷卻之後很美味，請確實冷卻。
2. 將蒜頭磨成泥。
3. 將蒜泥和醬油、醋、砂糖、麻油加在一起混合攪拌，做成醬汁。
4. 將小黃瓜切成細絲。
5. 將麵條盛在盤子上，鋪上小黃瓜絲，淋上醬汁，一邊攪拌一邊食用。

讓料理更加美味！小筆記

放入太多蒜頭的話，會變得太辛辣，因此，一邊少量地放一邊調整，是不會失敗的方法。醬汁不要一口氣淋上，一邊吃一邊補加為佳。淋在烏龍冷麵上也很適合。

材料（4～5人份）

○ 南瓜（可以生食的最好）—— 約 300g
○ 鹽 —— 2 小匙
○ 醋 —— 4 大匙
○ 砂糖 —— 1 大匙
○ 薑 —— 1/2 塊
○ 辣椒 —— 適量

作法

1. 將南瓜削皮，盡可能切成一口大小的薄片狀。不煮過，直接用生的調理。
2. 將鹽、醋、砂糖混合，加入切成絲的薑和斜切成片的辣椒。
3. 將南瓜放入步驟 2 裡醃漬，放入冰箱冷藏靜置一天即完成。

酸甜醃漬的南瓜

醃南瓜

「醃」就是將食材用砂糖、鹽或味噌醃漬的意思，如其名運用醋和砂糖調味，讓南瓜形成酸酸甜甜的滋味。在吃了高油或是重鹹的料理之後，這道清爽的醃菜可以讓你稍稍休息停筷。

加上醋和砂糖，薑的爽勁，讓這道醃菜更為爽口，以小黃瓜製作，改變口感也很美味。辣椒的份量請根據個人喜好調整。可以當成想要多一道菜的常備菜，不起眼卻多功能的料理。

小黃瓜版本也很推薦。在小黃瓜的 1/3 處切出細細的切口，使其入味。口感很好，味道也很美味。

圓潤風味的台式醃薑

醃嫩薑

嫩薑就是生薑。這種醃嫩薑的味道和在壽司店吃到的薑片很相似。熊媽媽的薑片特色，是切成圓塊狀的切法和使用話梅調味的醃漬方法。話梅是台灣喝茶時經常搭配的點心，在便利商店也有小包裝販售，很容易取得。切成一小口的薑，具有存在感的口感，話梅的甜味和酸味，讓整體的味道更圓潤。這道醃菜是可以享受生薑季節的樂趣之一，稍微有點餓的時候，也能解饞。

讓料理更加美味！
小筆記

根據個人喜好調整甜度和酸度，像熊媽媽一樣讓砂糖當成補助，一起放入話梅調味，也有人會加冰糖，產生具有層次的甜度和柔和的味道。

材料（4～5人份）

○ 生薑 —— 約 200g
○ 鹽 —— 1 小撮
○ 砂糖 —— 80g
○ 話梅 —— 5 ～ 6 顆
○ 醋 —— 200ml

作法

1. 將生薑洗淨，確實去除水氣。
2. 將步驟 1 和鹽放入塑膠袋裡充分搓揉。
3. 將步驟 2 從塑膠袋取出，確實瀝乾水分之後，切成一小口大小，以冷水（份量外）浸泡約 2～3 個小時。
4. 將薑的水分確實瀝乾，以布或是廚房紙巾再擦乾水分。
5. 將步驟 4 放入一個新的塑膠袋，放入醋和砂糖混合的調味汁，也放入話梅一起搓揉。
6. 直接放入冰箱冷藏靜置約 3 天即完成。

台灣廚房常見的東西

　　這裡要介紹的是不管拜訪哪一個台灣家庭的廚房，都可以看見的東西，也就是「台灣廚房裡常見的東西」。首先，每個廚房一定會有的就是被稱為「電鍋」的多功能煮飯工具。「大同」品牌以電鍋廠牌著名，從 1960 年開始販售至今，持續受到歡迎的長銷商品。圓圓的外觀，基本上只有一個按鈕。只需要這個電鍋，不只是煮飯，蒸煮料理也都能做的多功能性，操作簡單，都是受到台灣媽媽們愛戴的優點。

　　在電器行或是超市佔據在吸引目光的賣場，在便利商店或是夜市等地方也有販售用這款電鍋煮的茶葉蛋。新出的顏色或是和卡通人物聯名的商品也陸續登場，因應各種需求。

台灣媽媽們家裡的電鍋

出場率 No.1 的橘色電鍋。

這個家是放在電子鍋旁邊。

在家人圍坐的餐桌後面也有電鍋。

用電鍋蒸粽子中，非常方便。

這個家是綠色的電鍋。

高級的象牙色，放在清爽的窗邊。

還有這些常見的東西！

木匙的使用率很高

長年使用的木匙。不管是炒還是煮，都是用這一支。

炒的時候加水

一定要提到的料理手法，在炒的過程中加水。半煮半炒的感覺。

水量蓋過食材左右

湯品或是燉煮料理的水量，經常聽到「確實淹過食材」的回答。

份量憑經驗

調味料的份量以小攪拌匙或是湯匙大概計量。儼然是料理家的手感。

中式菜刀好用

幾乎還是都用中式菜刀，以水果刀輔助。

蒸煮料理使用鍋子

雖然幾乎都是用電鍋，也有在中式炒鍋裡放水，以沸騰的蒸氣蒸煮的方法。

美乃滋會甜一點！

台灣的美乃滋，甜甜的是一般的口味。也可以用在日式拌菜或是麵包。

乾貨必備

乾蝦米、乾香菇、紅棗等等這些是常備的乾貨。

手工折的紙盒

用傳單折的紙盒，可以放入肉或魚的骨頭、水果皮或籽。全家人會一起折。

LIAO MAMA

廖媽媽

處處遵循客家精神的媽媽味

萬眾得安樂

淨心

新屋鄉
20

廖媽媽（右）和大嫂（左）。一
開始是廖媽媽一個人入鏡，途中，
大嫂從家裡出來，就一起拍了這
張照片。兩個人的頭靠在一起，
好可愛，心動！

Hakka 在中文寫作「客家」，指的是住在中國福建一帶，語言或是生活樣貌相似，建構出獨特文化的一個族群。在日本女生之間很受歡迎的台灣土產，鮮豔的紅色或是綠色的花布，或是好幾種穀物研磨、像抹茶一樣的飲品擂茶，實際上都是客家文化的產物。在台北的捷運車廂裡，除了國語、台語、英語，也有客家話的廣播。雖然沒有特別的意識，在台灣旅行的時候，不知不覺之間，接觸到很多事物幾乎都是源自於客家文化。順帶一提，客家族群說的客家話，有一說和中國古代的發音息息相關，hakka 這個讀音也是客家話，國語則是發音為客家。在這個具有個性的文化背景之下，總覺得可以感受到浪漫的愛情故事。

現在居住在台灣的客家人，都是比較晚期從中國來的移民後代。客家移民避開先前在台灣比較多人居住的地方，他們往未開發的山區發展，人比較少、自然環境嚴苛的地方成為他們的生活區域。因此，飲食生活也在環境的影響之下，下了不少工夫。生活在陸地上比較少吃海鮮，以肉類為主食。醃漬物、乾貨可以當成保存食長期食用，使用這些食材製作的料理變化也很豐富。調味基本上會比較重一點。身為客家人的廖媽媽做的菜，無可厚非全部都是客家料理。

廖媽媽一家住在台北往西開車約 1 個小時的桃園市新屋區。在台灣，很多客家人聚集居住的地區有好幾個，新屋區也是其中之一。下交流道之後，周邊的景色慢慢地變得樸實，抵達目的地，路上並排著矮矮的平房。下車之後，天空藍藍的，雖然是晴天，風卻相當強勁。一問之下，這邊靠海，所以常常會有海風吹過來。佇立在路上的白色和藍色磁磚的老式兩層樓平房，推開玄關的大門，和深咖啡色厚重的印象相反，意外地輕，令人大吃一驚。

進門之後，馬上就是客廳和飯廳的空間，稍微裡面一點就是廚房。和主人打招呼的過程中，「剛剛已經做了一些料理前的準備可以嗎？」剛說完

廚房也和整間房子外面的牆壁使用相同的白色磁磚。因為左邊的窗戶無法打開，會累積很多熱氣，廖媽媽卻不當一回事俐落地做菜。火爐則是使用瓦斯爐。

這句話又開始忙起來的廖家媽媽們。為什麼會說「們」，當天迎接我們的除了廖媽媽和廖爸爸，還有廖爸爸的哥哥夫婦共四個人，哥哥夫婦從台北開車載我們過來。走到裡面的廚房的話，客廳的涼爽和廚房的熱度形成很大的對比。在廚房只有電風扇降

溫，對於在這樣炎熱的環境下做菜的廖媽媽，毫無懸念只有尊敬而已。在廚房忙碌地準備之後，稍微回到沙發上休息。開始採訪之後，時不時打斷談話，在桌子上擺滿招待我們的李子、玉米、點心、特別的外國碳酸飲料等等。有時候，廖媽媽們會用我

左上 / 將整隻雞豪邁地用熱水燙。　右上 / 從客廳看向廚房的樣子。

左下 / 調物料架裡手作的調味料也很多。　右下 / 常年使用的砧板，料理基本上是使用中式菜刀。

們聽不懂的語言對話，就是客家話。雖然在家都是用客家話交談，但是年輕一輩的兒子女兒即使聽得懂，也不太會說客家話。

這個家裡是廖媽媽夫婦和小孩們住在一起。其中一個兒子雖然結婚了，但外派到附近工作，三不五時就會回老家。因此，廖媽媽每天早上還是為了孩子們做便當。工作地點附近很少食堂或是商店，因此，還是喜歡吃從小吃到大的媽媽味，不太喜歡外食。廖媽媽雖然也在附近的布工廠工作，還不只是做便當，早餐晚餐幾乎每天都親手做，令人深感佩服。

1 / 大家一起比讚的姿勢的合照。從左邊開始是廖媽媽和廖爸爸、哥哥夫婦。巧合的是，大家都穿了紅色或是粉紅色系的衣服。

2 / 復古的食器。　3.4 / 手作的漬物或是保存食。其中也有經過十幾年的老東西。

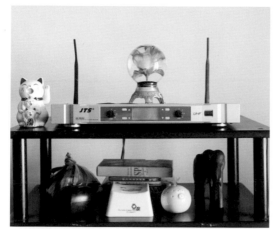

喜歡可愛的裝飾？架子上隨處可見。

玉米右邊的盒子裡塞滿的紙張，是傳單折成的紙盒。有空的時候，大家一起折的。經常可以在台灣的家庭看到。

招待我們的李子，甜又多汁，驚人的美味。農作物幾乎都是親戚或是熟人栽種分贈的，因為沒有使用農藥，安心安全。玉米也是朋友栽種的。

祭祀祖先的傳統全雞

白斬雞

祭拜祖先的時候所製作的傳統客家料理。供奉在祭祀祖先的寺廟，之後再帶回家裡，全家一起享用。料理整隻雞的豪邁和難易度稍微高一點，在廖媽媽家卻是不能或缺的料理。燉煮到軟化的雞肉，會淋上蒜茸醬油或是被稱為桔子醬的柑桔醬汁。

材料（2 隻份）

○ 雞肉——1 隻
○ 鴨肉——1 隻
○ 米酒——100ml
○ 鹽——2 小匙

○ 醬油——3 大匙
○ 蒜頭——1 瓣
○ 桔子醬——適量
○ 棉線

作法

1. 將雞肉和鴨肉取出內臟備用。在雞肉的嘴巴直向插入金屬製的筷子，讓嘴巴打開，在嘴巴和翅膀下面穿過棉線綁緊。

2. 整隻雞汆燙，去除雜質之後，放入注入大量水的鍋子裡，以中火燉煮約1個小時。

3. 途中翻面，讓整體都煮熟。

4. 經過 1 個小時之後，取出雞肉，在表面塗上混入鹽的米酒。這個步驟一定要趁著肉是熱的狀態進行。

5. 分切。首先取下腳和頭部，接著橫切尾巴部分。從取下尾巴部分的地方，直向劃出切口的話，身體可以直向漂亮地分開來。

6. 為了方便食用，以中式菜刀豪邁地切成一口大小。

7. 將切片的蒜頭放入醬油裡的醬料，以及桔子醬都備著，步驟 6 沾著食用。

燉煮雞肉的湯汁不要丟，可以應用在各種料理上。分切下來的頭和雞爪也可以當成湯頭的鮮味來源使用。

將米酒和鹽塗在表面，防止在參拜的時候破壞到肉質。雞肉是親戚養的，綁好送來的。

絞肉萬歲！

梅乾菜絞肉

通常是豬五花肉塊製作的料理，在廖媽媽家則是用絞肉。大塊的肉小朋友不容易吃，因此才使用容易入口的絞肉。鹹度很高的梅乾菜會讓蒸過的絞肉完全入味，可以配飯，也可以夾在饅頭裡，很適合搭配各種主食。

材料 (6 ～ 7 人份)

○ 梅乾菜 —— 300g
○ 豬絞肉（脂肪多一點）—— 300g
○ 醬油 —— 2 大匙

○ 味素 —— 1 ～ 2 小匙
○ 沙拉油 —— 2 大匙
○ 水 —— 50ml

作法

1. 將梅乾菜仔細洗淨之後，切成細丁。以菜刀剁切成細丁，愈細愈好。
2. 將沙拉油倒入平底鍋裡，以大火拌炒梅乾菜丁。稍微拌炒之後，加入水、醬油，以中火拌炒。
3. 加入味素。
4. 將豬絞肉放入調理碗裡，倒入步驟 3 混合攪拌。
5. 確實攪拌混合之後，將表面整理成稍微像半圓形的狀態。
6. 蓋上電鍋的鍋蓋，蒸煮約 30 分鐘（用鍋子蒸的話，請參閱 P.11）。
7. 蒸好之後，盛起即完成。

在饅頭裡、白飯上，都是非常完美的搭配組合。當然，直接當成配菜食用也可以。

以大量的薑、內臟和醋製成

薑絲大腸

整道菜的色澤很淺，口味卻很重。薑的刺激性和辣度，和豬大腸的厚重感，加上醋的酸味，融合成一道既清爽又重口味的下飯菜。關鍵就是放入比大腸還大量的薑絲，這個份量可以壓過大腸的腥臭味，吸收肉汁和醋，平衡整道菜的味道。同時品嚐薑和大腸的話，可以開啟味蕾的新世界。

將大腸仔細洗淨之後，經過蒸的手續，使其呈現柔軟的口感，多一道手續，這是廖媽媽的秘訣。

材料（4～5人份）

○ 豬內臟（大腸）——約 200g
○ 薑——3 塊
○ 蔥——2 支
○ 豆瓣醬——2 大匙
○ 豬油——2 大匙
○ 黑醋——2 大匙
○ 醋——3～4 大匙
○ 雞高湯粉——150g
○ 鹽——1～2 小匙
○ 麵粉——適量

清洗大腸的時候，不使用鹽，使用的話，會讓大腸變硬，廖媽媽這麼說。此外，不用燙的，用蒸的，讓大腸呈現鬆軟的口感也是訣竅。

作法

1. 將切成一口大小的大腸放在濾網上，裹上麵粉之後，以熱水燙洗。洗掉黏液之後，以電鍋蒸 30 ～ 40 分鐘。

2. 將豬油放入平底鍋裡熔化，再放入切成細絲的薑、切成長 5cm 左右的蔥，以大火拌炒。

3. 將雞高湯粉、黑醋、豆瓣醬放入平底鍋裡混合攪拌，再加醋。

4. 放入步驟 1，以大火充分拌炒。

5. 將食材確實煮熟之後，加鹽拌勻即完成。

作法

1. 將鹹菜充分洗淨，再將根部切掉 1cm 左右，接著隨意切塊。

2. 將薑切成細絲。

3. 將水、帶骨雞肉、步驟 1 和步驟 2 倒入鍋裡，不蓋鍋蓋，開大火。

雖然使用雞高湯粉也可以，但是放入帶骨雞肉燉煮的方法，便是無庸置疑的美味。

4. 煮開之後，轉小火，再煮幾分鐘即完成。

材料 (5～6 人份)

○ 鹹菜 —— 1 顆
○ 帶骨雞肉 —— 適量
○ 薑 —— 1/2 塊
○ 水 —— 1000ml

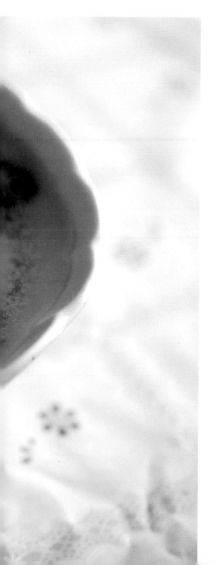

　　鹹菜像高菜（日式醃菜）一樣的漬物，兼具食材和調味的功能，非常簡單的一道湯品。以雞高湯粉製作的時候，因為沒有濃郁感和脂肪，試著多放一點薑、絞肉調整為佳。

　　這裡使用的是製作 P.122 白斬雞的時候留下的雞架。將雞腳、頭部切成適當的尺寸，煮出高湯。這麼一來，可以做出另一道料理，也不會浪費食材，有效利用所有食材也是媽媽們的拿手絕活，當然也是讓料理更美味的方法。

從左邊開始是鹹菜、福菜、梅乾菜。全部的原料食材都相同，都是芥菜的葉菜蔬菜。不同之處就是加工和乾燥的程度，而有不同的名稱，料理方法也有所變化。「鹹菜是小朋友，梅乾菜是老爺爺」廖媽媽這麼比喻。

雞骨和醃菜做成的湯品

鹹菜湯

正統作法要以魷魚製作！

客家小炒

直接在菜名放上客家兩個字，便可以得知這是具有代表性的料理之一。在食堂或是餐廳幾乎都是使用豆乾（豆腐乾燥之後的食材），「因為成本的關係，這道菜應該不是用豆乾，而是用魷魚和豬肉做」，廖媽媽這麼說。因為放入很多魷魚，產生的湯汁，味道很鮮美，也很適合當成下酒菜。

材料（5～6人份）

○ 乾魷魚 —— 150g
○ 豬五花肉塊 —— 200g
○ 蔥 —— 2～3支
○ 蒜苗 —— 2～3支
○ 醬油 —— 1大匙

○ 米酒 —— 1大匙
○ 五香粉 —— 少許
○ 胡椒 —— 少許
○ 沙拉油 —— 4小匙
○ 水 —— 1大匙

作法

1. 將乾魷魚泡水（份量外）一個晚上備用，再切成細絲。
2. 將豬五花肉塊切成一口大小之後，燙過切成粗條狀，將蔥和蒜苗切成 5cm 左右的長度備用。
3. 在平底鍋裡倒入 2 小匙的沙拉油，放入蔥、蒜苗和肉絲拌炒。加入醬油、米酒，再以中火拌炒。
4. 炒至蔥和蒜苗確實軟化之後，將所有的食材從平底鍋裡取出。
5. 再次在平底鍋裡倒入 2 小匙的沙拉油，以中火拌炒乾魷魚。

6. 乾魷魚炒熟之後，放入步驟 4 取出的炒料，拌炒均勻。
7. 在平底鍋裡倒水，蓋上鍋蓋稍微蒸煮。
8. 依個人喜好撒入五香粉、胡椒即完成。

食材配合乾魷魚的尺寸，全部切成差不多的長度。讓豬肉保持一點厚度，是多汁的方法。

41

其實是炒雞胗

炒下水

菜名是下水，一看到會吃驚，卻是無庸置疑的食物。在台灣，下水指的是家畜的內臟，因此炒下水就是炒內臟。以雞高湯粉和少許的鹽半煮半炒雞胗和韭菜花，風味清爽的一道料理。可以享受雞胗彈牙的口感，當成餐桌上的亮點增添色彩。

材料（約 4～5 人份）

○ 雞胗 —— 300g
○ 韭菜花 —— 和雞胗同份量
○ 鹽 —— 1 小匙
○ 沙拉油 —— 1 大匙
○ 雞高湯粉 —— 200g

作法

1. 將雞胗切成一口大小，以菜刀仔細地取下白色薄膜備用。
2. 以熱水汆燙步驟 1。燙到肉的中間還殘留生肉的程度就 ok。
3. 將韭菜花切成長 5cm 左右。
4. 在平底鍋裡倒沙拉油，放入雞胗和鹽，以大火稍微拌炒。
5. 最後取下鍋蓋，煮至水分收乾，雞胗確實煮熟即完成。

汆燙雞胗的時候，肉的中間留下淡淡的粉紅色為標準。韭菜花和雞胗的份量差不多。

接受度很高的單純口味麵食

米苔目

以米粉和地瓜澱粉做成比烏龍麵稍微細一點的麵條,即是米苔目。在台東有老店是以米苔目料理聞名。

廖媽媽家是在早市買現成的米苔目,以前好像都是手作。以炒麵的方式料理也可以;將炒料和米苔目以雞湯煮成湯麵也可以;以熱水煮開砂糖,淋在燙過的米苔目上,當成甜點也很受歡迎。口感很有嚼勁又滑溜溜的,麵條本身沒有什麼味道,可以變化成各式料理,是米苔目樸實的魅力所在。

炒米苔目（照片右邊）
材料（6～7人份）

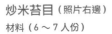

○ 米苔目──600g
○ 乾香菇──50g
○ 蝦米──50g
○ 豬肉（切成細絲）
　　──100g
○ 韭菜──1/2 把
○ 豬油──5 小匙
○ 油蔥酥──少許
○ 鹽──1 小匙
○ 胡椒──適量

作法

1.　以 1 小匙的豬油大火拌炒熱水泡開的乾香菇再切片,炒至產生香味之後,取出香菇。

2.　再放入 2 小匙的豬油,拌炒豬肉,再放入蝦米、鹽、胡椒。

3.　加入步驟 1。

4. 加入切成 2 ～ 3cm 寬的韭菜，炒
至韭菜確實軟化之後，轉小火，
再放入 1 小匙的豬油、油蔥酥和
米苔目拌炒即完成。

讓料理更加美味！
小筆記

米苔目也可以自製。

1. 將 1/2 杯的在來米粉（以台灣
   的在來米製成的粉）以同量的
   水溶解，加入 1 杯沸騰的熱水
   混合。

2. 再加入 1 杯在來米粉、2 大匙
   太白粉（以地瓜澱粉製成的
   粉）混合攪拌出黏度。

3. 將麵糊放入擠花器，擠入沸騰
   的水中，以水燙熟。

4. 麵條煮熟之後，以冷水沖洗即
   完成。

迪化街一段
◄ Lane 46 巷
DiHua St. Sec.1

請勿停車
謝謝合作

CANTER

275-9A

潘媽媽

海邊的家庭，純粹的媽媽味

溫暖的笑容和淺紫色的 polo 衫，身上的小熊圖案圍裙，
處處充滿療癒氣息的潘媽媽。從工作 25 年的銀行退休
之後，現在每天的生活很悠閒。因為喜歡做菜，經常
會看食譜或是烹飪節目。

住家在距離臺北西南邊約3個小時車程的台中市大甲，附近有著白色的風車的城鎮。提到大甲的話，一定會聯想到祭祀守護海的女神的媽祖廟，在農曆3月23日媽祖誕辰的日子，那裡會舉辦一年一度盛大的祭典，在台灣是很有名的聖地。在那段期間，台灣有很多人會聚集在大甲。但是，在這個海邊的家，絲毫感受不到那種熱鬧的氣氛，反而充滿靜謐的感覺。迎著海邊的風，慢慢地轉動的風車，舉目望去的綠色地平線，沒有任何遮蔽的天空。空氣很涼爽，「即使是夏天，也不需要開冷氣」可以感受到主人這一番話的涵義。住家是氣派的兩層樓獨棟房屋，這裡就是潘媽媽一家居住的地方。

潘媽媽出生於鄰接台中北邊的城市苗栗，上面有四個哥哥，排行老么。因為要幫忙務農的雙親，從小就跟母親學習做菜。嫁給潘爸爸之後，搬到大甲，現在三個小孩都已經長大成人。22歲的小兒子在新竹唸大學，25歲的女兒在高雄工作，27歲的大兒子則在大甲當地工作，平常都是夫

家裡有夫婦自己栽種的菜園，屬於很正規的菜園！旁邊就有風車轉動，風車所在的地方，就是海邊。

完美的球形和帶有斑點的
綠色，在棚架上結出累累
的百香果。

苦瓜全部用紙袋一個一個
蓋起來，這個專用紙袋很
可愛！

排排站的瓜類。擺在庭院
裡的瓜類，整齊地排列
著。

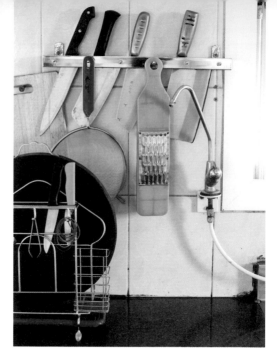

左上／窗戶面向海邊。打開窗戶，吹進涼爽的風。廚房有做流理臺，是根據自己的需求訂製的。「但是，沒有考慮到動線，稍微不太好活動」潘媽媽邊笑邊這麼說。

左下／冰箱旁邊的層架也放著很多水果。

經常使用的菜刀掛在牆壁上。從右邊開始是肉類用、蔬菜用、其它則是水果用，小小的刀也可以用在菜園的農作上。

婦和大兒子一起生活。但是，週末一到，全家人都會聚集在一起，圍坐在餐桌上一起吃飯。

因為大甲是潘爸爸的老家，在海邊出生的他很喜歡吃魚，「沒有肉沒關係，只要有魚的話！」喜好的程度可以這麼形容，因此，餐桌上很頻繁出現魚類料理。從家中可以看到的地方就有魚市場，那裡販賣著漁夫捕到的魚，天氣好的時候，潘爸爸會慢慢地散步，有時候也會騎單車去買魚，

也會一次買多一點，放進冰箱冷凍保存。對於潘媽媽夫婦來說，魚類是不可或缺的食材。從潘媽媽和潘爸爸的互動，經常可以看出他們之間的夫妻情深。取材之後，潘爸爸泡茶招待我們，潘媽媽則快手準備水果給我們吃，放在藍色的玻璃盤子上，滿滿的荔枝和香瓜，以及兩個人不需要裝飾的笑容。自然而然的神態，食材選擇也是以設想家人的喜好為標準，我們擅自這麼想像著。

回家的孩子們也一起圍坐在餐桌上。拍照過程有點緊張，但是感覺氣氛很棒。

喝茶是在和家裡鄰接像土間(註6)一樣的屋外空間。從開放的門可以看見菜園裡欣欣向榮的農作物，那裡確實是菜園，潘爸爸潘媽媽栽種的蔬菜和水果。菜園裡有苦瓜、絲瓜，還有香瓜，還有莧菜，上面還有百香果，生長旺盛的農作物，實際上，卻是在細心照料下成長的蔬菜，在雨水的滋養下，長成水潤的狀態。這麼說起來的話，招待我們吃的香瓜也是潘家自己栽種的，果肉非常美味。在這個自家菜園栽種

的蔬菜，也是潘媽媽做菜時的必備食材。每天早上採摘的新鮮蔬菜，只需要稍微料理一下，就是極致的美味。蔬菜或是魚類的新鮮度都令人吃驚。正因為如此，簡單的料理方法就足夠了。品嚐食材的原味，從生活型態詮釋的家常滋味，成為總是保持笑容、家庭和樂的要素。

註6：傳統的日式房屋會在室內空間建造一個和室外相似的小空地。

滋味樸實的丸子湯

大黃瓜魚丸湯

潘媽媽的住家鄰近大海，旁邊就是販賣新鮮的魚和加工食材的魚市場，魚類當然成為餐桌上的主角。其中，魚丸是具有份量感，又有鮮味的食材，適合煮成湯品。這道湯品，使用的是鯊魚肉製作的魚丸，脆脆的口感和煮軟的櫛瓜很搭配。在豬骨高湯裡加入少許的鹽，可以品嚐到活用食材的樸實滋味。

材料（5 人份）

○ 櫛瓜 —— 約 2 條
○ 豬骨（帶骨豬肉）—— 100 ～ 150g
○ 水 —— 900 ～ 1000ml

○ 鹽 —— 1 小匙
○ 魚丸 —— 適量
○ 芹菜 —— 少許

作法

1. 將豬骨和水倒入鍋裡，煮成高湯。浮出雜質之後，撈除，煮至豬肉熟透為止。
2. 燉煮高湯，豬肉軟化之後，放入切成一口大小的櫛瓜，轉大火。
3. 沸騰煮約 2 分鐘之後，轉中火，蓋上鍋蓋，繼續煮。
4. 煮至櫛瓜軟化之後，加鹽。
5. 轉大小，放入魚丸，煮至魚丸確實熟透為止。
6. 魚丸煮熟即完成。食用之前，撒上一些切成末的芹菜。

**讓料理更加美味！
小筆記**

正確來說是要使用大黃瓜，或是用櫛瓜等瓜類的蔬菜取代，再者，使用冬瓜等瓜類也可以。潘媽媽使用的是鯊魚肉的魚丸，也可以用沙丁魚的魚丸取代。

滿滿的蛤蜊鮮味

蛤蜊炒絲瓜

　　將稍微小一號的蛤蜊搭配夏天應時的絲瓜做成的料理，從蛤蜊釋放出來的鮮味，慢慢地融入在整道料理中。在自家農園栽種、早上採摘的絲瓜，煮過之後呈現美麗的翡翠色光芒。這道菜會煮出多一點的湯汁，也可以加入麵線變化當成主食。不管是營養，還是製作步驟，美味程度都是滿分，是潘媽媽很自豪的一道料理。

材料（約 4～5 人份）

○ 絲瓜——1 條
　（小一點的話則使用 2 條）
○ 蛤蜊——500g
○ 鹽——1 小匙

○ 水——約 150ml
○ 沙拉油——1 大匙
○ 九層塔——適量

作法

1. 將絲瓜切成稍微大一點的一口大小。
2. 料理之前讓蛤蜊吐沙備用。泡在大量的鹽水（約 3% 的鹽水，舉例來說，2.5 小匙的鹽對上 500ml 的水）裡約 2～3 個小時吐沙。
3. 將沙拉油倒入平底鍋，放入絲瓜，加水以大火煮。
4. 調小火候，放入蛤蜊。
5. 再調大火候，加鹽半煮半炒。
6. 蛤蜊的殼打開之後，將打開的蛤蜊盛到盤子上。打開之後如果繼續放著煮，蛤蜊的肉質會變硬。
7. 撒上九層塔即完成。

放入燙過的麵線，當成主食也可以，屬於潘媽媽家的私房美味。順口的湯汁和麵線的鹹度互相幫襯，可以獲得滿足感的滋味。麵線用大量的熱水汆燙，因為麵線很細，燙的時間很短。蛤蜊用牡蠣取代也很美味。

消除疲勞的琥珀色寶石

醃梅子

入口之後，濃郁的甜酸味會慢慢地擴散開來，可以消除疲勞或是夏天的暑熱。稍微吃一些的話，會像喝梅酒一樣，沈浸在芳醇的餘味當中。醃漬愈久，果肉會愈柔軟，風味也會更豐富。潘媽媽家的梅子是用黑糖醃漬兩年的梅子，經過時間催化的梅子，凝聚了時間的琥珀色醃梅子，就像寶石一樣美麗。

材料（1 大瓶份）

○ 梅子 —— 1200g
○ 鹽 —— 380g

○ 黑糖 —— 約 1500g

作法

1. 將梅子醃在鹽裡 2 ～ 3 個小時，去除澀味。
2. 取出梅子，充分洗淨之後，確實擦乾水分。
3. 避免弄傷梅子地用牙籤或是竹籤仔細剔除蒂頭。
4. 以黑糖醃漬梅子 3 次。在清洗乾淨、擦乾水分的保存用容器裡，以一層梅子一層黑糖的順序放入容器。黑糖 500g 分成 3 次使用。
5. 第一次的醃漬。首先 10 天後取出梅子，倒掉醃漬期間產生的水分。
6. 第二次，再次進行步驟 4，10 天後，倒掉醃漬期間產生的水分。
7. 第三次，再次進行步驟 4，蓋上蓋子密閉。約 40 天之後即可食用。

讓料理更加美味！小筆記

照片裡是已經經過 2 年以上的醃梅子。經過愈長的時間醃漬口感愈柔軟，醞釀成像梅酒一樣具有深度的滋味。

涼筍

醃瓜

46

涼筍

台灣夏季的經典料理

以熱水汆燙筍子，冷卻再食用的袪暑料理。搭配上台灣式的甜味美乃滋。

材料（3～4 人份）

○ 新鮮竹筍 —— 2 顆　　○ 台灣美乃滋 —— 適量

作法

1. 將竹筍帶皮燙至竹籤可以插進去的狀態為止。
2. 燙過之後，去皮，切成一口大小。稍微放涼之後，放入冰箱冷藏確實冷卻，食用之前擠上台灣美乃滋即完成。

這是新鮮竹筍。接近夏天的時候，傳統市場就會開始賣。

47

醃瓜

清爽的醃漬胡瓜

只用鹽醃漬的清爽醃菜。放入冰箱冷藏可以保存 2 ～ 3 個月。

材料（3～4 人份）

○ 胡瓜 —— 1/2 顆　　　○ 鹽 —— 胡瓜重量的 10 % 為標準

作法

1. 將胡瓜剝皮去籽，切成厚約 5mm 的一口大小。
2. 曬乾（晴天的時候大約 1 天）。曬乾的胡瓜碰到水會長黴菌，需要特別注意。

3. 將步驟 2 充分用鹽搓揉，再放入瓶子裡以冰箱冷藏保存。瓶子用熱水煮過確實擦乾水分備用。經過半個月左右即可食用。搓鹽的時候，注意不要放太多鹽。

很受歡迎的台式飲料。夏天稍微調濃一點，放入大量的冰塊飲用，很爽快！

冬瓜茶塊，即為將冬瓜煮成砂糖質感的塊狀。在傳統市場或是超市可以買得到。

材料（3～4人份）

○ 冬瓜茶塊 —— 約 370g（1袋）
○ 水 —— 約 3000ml

作法

1. 起一鍋滾水，放入冬瓜茶塊煮。
2. 冬瓜茶塊確實溶解之後即完成。稍微放涼之後，放入冰箱冷藏，冷卻飲用。

49

快炒爽脆的四季豆

清炒四季豆

清炒就是加鹽一起拌炒的一種料理方法，既簡單又快速，稍微控制火候的大小和炒的時間就能成就美味的料理。潘媽媽俐落的手法，一下子就完成清炒四季豆，不管是口感、食材的味道都具有絕妙的美味。放在裡面的蒜頭的存在感，香味會比味蕾先獲得刺激，成為增進食慾的要素。一開始就炒出香氣是這道料理的製作關鍵。

材料（4～5 人份）

○ 四季豆 —— 200g
○ 紅蘿蔔 —— 1/3 條
○ 蒜頭 —— 2～3 瓣
○ 鹽 —— 約 2～3 小匙
○ 沙拉油 —— 2～3 小匙
○ 水 —— 50ml

為了留下四季豆的口感，以大火快炒是訣竅。蓋上鍋蓋蒸煮也是重點。

作法

1. 將沙拉油倒入平底鍋裡，加入蒜片一起炒，炒出香味。

2. 放入切成稍微粗一點的條狀紅蘿蔔、切成一半的四季豆，以大火拌炒，蓋上鍋蓋。

3. 偶爾打開鍋蓋拌炒一下，加水。

4. 四季豆確實煮熟後，加鹽，即完成。讓四季豆不要過度軟化，留下一點口感最佳。

以牡蠣和韭菜提味的煎蛋

牡蠣韭菜煎蛋

在台灣的夜市很受歡迎的蚵仔煎，這道菜就是蚵仔煎的家庭口味版，簡單地用雞蛋、牡蠣、韭菜製作而成。毫不吝嗇地使用牡蠣，只需要稍微加一點鹽，就能做出很有深度的味道。在平底鍋裡倒入多一點的油，像在水中游泳一樣煎出軟呼呼的雞蛋，看到這個景象，心就被征服了。

材料（2 片份）

○ 牡蠣（去殼）—— 200g
○ 韭菜 —— 1/2 把
○ 雞蛋 —— 4 顆
○ 水 —— 約 150 ～ 200ml
○ 鹽 —— 1 ～ 2 小匙
○ 沙拉油 —— 適量
○ 味素 —— 少許

雞蛋在多一點的油中，像游泳一樣煎炒的狀態。請一邊搖動鍋子一邊煎。

作法

1. 將牡蠣充分洗淨。
2. 在平底鍋裡倒水，再放入洗過的牡蠣燙一下。燙過的牡蠣放在濾網上瀝乾水分備用。
3. 倒掉步驟 2 的水，稍微清洗平底鍋，再開火。
4. 在平底鍋裡倒入 1 小匙左右的沙拉油，再放入切成約 2 ～ 3cm 寬

的韭菜。放鹽，稍微拌炒之後，
取出韭菜放入調理碗裡。

5. 將雞蛋打入步驟 4 的調理碗裡，
攪拌均勻。

6. 將步驟 2 放入步驟 5 裡，再充分
攪拌均勻。

7. 在平底鍋裡倒入 2 大匙左右的沙
拉油，再慢慢倒入一半的步驟 6，

開中火。

8. 表面煎熟之後翻面，兩面都煎熟
即完成。剩下的蛋液以相同方法
煎熟。

不是炒飯也不是炒麵

炒米粉

米粉是米製作而成，在台灣屬於經常食用的麵類之一。以乾燥的麵條形式販售，熱水燙過即可食用。細細的麵條容易吸收味道和沾裹住配料，做成米粉湯或是炒米粉都很合適。如果是炒米粉，相對於麵條來說，配料放多一點，是具有飽足感的秘訣。只要一盤炒米粉，和一碗湯，就可以成為一頓午餐。

材料（4～5人份）

○ 米粉 —— 約 150g（1 包左右）
○ 豬絞肉 —— 約 200g
○ 沙拉油 —— 約 4 小匙
○ 蝦米 —— 15g
○ 乾香菇 —— 15～25g
○ 蔥 —— 2 支

○ 高麗菜 —— 適量
○ 紅蘿蔔 —— 適量
○ 水 —— 約 100ml
○ 醬油 —— 約 1/2 大匙
○ 胡椒 —— 適量

作法

1. 在平底鍋裡倒入 2～3 小匙左右的沙拉油，以大火拌炒絞肉。以熱水燙米粉 4～5 分鐘，水洗後切段，加入 1 小匙的沙拉油攪拌備用。沒有加油的話容易黏在一起。

2. 絞肉炒熟之後，放入泡開的蝦米和乾香菇拌炒。

3. 加入切成約 5cm 的蔥（蔥白的部分），再拌炒。蔥白部分可以產生香氣，因此，放入蔥白是製作上的

重點。拌炒一下，香菇也會產生香氣。

4. 放入切塊的高麗菜和切成細絲的紅蘿蔔。份量依個人喜好。

5. 加水，讓所有食材融合在一起。

6. 倒入醬油之後，加入步驟 1 的米粉。

7. 全部煮熟之後，加入切成 5cm 寬的蔥綠，再以小火拌炒。

8. 撒上胡椒即完成。

一個按鍵簡單完成

滷肉飯（電鍋版）

　　煮得甜甜鹹鹹的豬肉和白飯搭配的滷肉飯，是經典的組合。在潘媽媽家，也是家人很熟悉喜愛的味道。每個家庭的作法有所差異，潘媽媽的作法很方便，使用大同電鍋即可完成。根據每個家庭的飲食習慣，食材也各式各樣，舉例來說，米酒和水組合，只用米酒不放水等等，從小地方也可以看出講究的程度。

材料（4～5 人份）

○ 豬絞肉 —— 約 200g
○ 醬油 —— 2～3 湯匙
○ 冰糖 —— 1 小匙
○ 油蔥酥（油炸過的台灣紅蔥）—— 1 把
○ 雞蛋（滷蛋用）—— 2 顆

○ 油豆腐 —— 1 塊
○ 沙拉油 —— 適量
○ 米酒 —— 1～2 大匙
○ 水 —— 1 杯多一點

作法

1. 在平底鍋裡倒入沙拉油，拌炒絞肉。
2. 再放入油蔥酥、醬油確實拌炒。剛開始慢慢加醬油，一邊觀察顏色一邊調整味道。
3. 煮熟之後，加入米酒、冰糖、水，半煮半炒。
4. 食材都煮熟之後，盛到耐熱容器裡，放入雞蛋（煮熟剝殼備用）、油豆腐（切成 1/4 程度的大小備用）等想要一起燉煮的食材。
5. 放入電鍋蒸。放入電鍋的水量約 1.5 飯碗左右。按下電鍋的開關，等待完成。

從電鍋取出的滷肉飯配料。明亮的琥珀色是屬於潘媽媽滷肉飯的顏色。放入切成 1～2cm 厚的豬五花肉，就是極致的美味。

滷肉飯的二三事

　　濃郁、甜甜鹹鹹的燉煮豬肉，放在大量的白飯上吃的話，就是最快樂的時光。每一家店賣的滷肉飯都不一樣，當然每一個家庭的滷肉飯也都有微妙的差異。不只是味道，作法或是配料也各式各樣，是一道可以看出那個家庭的背景的經典料理。但是不管是哪一種滷肉飯，總之都很美味！只有這一點是不管怎麼變化的共通點。在此大概介紹一下本書中媽媽們的滷肉飯。

潘媽媽
PAN MAMA

王媽媽
WANG MAMA

李媽媽
LEE MAMA

不只是絞肉，還有大塊的肉、雞蛋、油豆腐等食材一起燉煮，份量十足！加上香菜和醃菜。使用電鍋燉煮的方法。P.160

乍看很普通的滷肉飯，實際上是沒有使用肉類的素食滷肉飯。取代豬肉使用的是生麩或是烤麩，不管是口感或味道都不遜色。P.82

使用自家製的油蔥酥，加入豬肉凍一起煮的講究滋味。以鍋子燉煮的方法。呈現溫和的甜味和淡淡的顏色。P.32

市場常見的單位詞

　　在台灣的傳統市場，經常可以看到稱斤論兩販賣的場面，大概最常見的是「斤」這個字，經常可以看到寫著「斤 100 元」的價格牌或是價目表，這就是重量的單位。在台灣，600g 是 1 斤，很多時候會說「半斤」，就是表示賣你一半的份量。除此之外，仔細觀察的話，也會寫上產地或是宣傳的文案，內容都是很有趣的說明，仔細觀察永遠都會有新的發現。

一斤 = 600g

有時候也單寫「斤」，有些字典寫 500g 是 1 斤，在台灣大多是指 600g。1 公斤被稱為「台灣公斤」，表示 1200g。

一盤 = 1 盤

在蔬菜或是水果的攤販經常可以看到的標記。以一盤左右的份量販賣，方便理解。

檸檬 1 斤 40 元，寫著「包汁多香」（果汁很多，香味又高）的文案。

乾貨店賣蝦米的區域。左邊 1 斤 100 元，右邊 1 斤 300 元。

其它還有這些單位詞！

1 公斤 = 1000g
1 兩 = 37.5g

※ 有的字典是以 50g 為 1 兩。

1 公克 = 1g
1 毫升 = 1ml
1 公升 = 1l

市場散步。照片集

台灣媽媽們一致這麼說：「生鮮的食材要去傳統市場買」。
超市是購買生活用品的地方。在充滿活力的早市，捕捉到
這些畫面。

人聲鼎沸的台北市場，早上
9 點。背上揹著蔥，手上拿
著調味料的媽媽滿載而歸，
充滿活力！

在貨車上賣西瓜，像葫蘆的
大西瓜在貨車上切，看起來
好美味！

掛在肉販店家屋簷的內臟，
綁著紅色、藍色、黃色繩子，
讓驚悚的程度降低了一點。

在台灣的傳統市場經
常可以看到魚的頭尾
綁在一起販售的手
法。彎曲、統一方向、
整齊的排在一起。

專賣素食食材的店
家，排列著超乎想像
的多樣性商品。

傳統市場不只是戶外，也有很多在室內的空間。在暗暗的紅色光線下，買賣的人專注地討論著食材。不只是商品，正在工作的人的氣勢和活力十足的姿態也很吸睛。

在這個素食食材店，有一位老爺爺買了很多大豆狀的炸豆皮！整箱買走。

食材的紙箱有很多令人驚喜的有趣設計。印上猛虎圖案的新竹米粉，還標記著獲得金獎的訊息。

天花板上都掛滿點心！洋溢著復古氣
息、商品充滿整家店的懷舊零食店。
該買些什麼呢？

服裝旁邊賣的是榴
槤，一邊在思考排列
方式、認真的年輕老
闆。榴槤很美味！

來購買的客人幾乎都
是騎摩托車，把採買
的東西放在腳踏處是
常見的景象。有時候
也有狗狗站在腳踏處。

營業中，沈浸在智慧
型手機的阿姨和小朋
友。悠閒地工作的姿
態，我覺得很棒！

在紅色的桃子上添加綠色的葉子，仔細觀察的話，和店頭旁邊的植栽相同，莫非是…？

在台灣，苦瓜的種類很多。排骨湯經常使用的是白苦瓜。苦瓜的種類也是一門學問。

醃菜的攤販也是一門學問，排列著梅乾菜或是菜脯等熟悉的台灣食材。

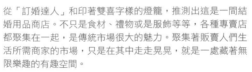

從「訂婚達人」和印著雙喜字樣的燈籠，推測出這是一間結婚用品商店。不只是食材、禮物或是服飾等等，各種專賣店都聚集在一起，是傳統市場很大的魅力。聚集著販賣人們生活所需商家的市場，只是在其中走走晃晃，就是一處藏著無限樂趣的有趣空間。

色澤光亮、看起來很
新鮮的蝦子。明亮的
藍色和翡翠綠色的搭
配很吸睛。

重現台灣風味，使用當地的調味料和
食材是最快速的捷徑。不管是無法取代的
台灣商品或是在日本可以替代的品項，挑
選出下列這些品項供各位參考。有趣的包
裝也很受到注目！

台灣「調味料&乾貨」基本款

米酒

讓米發酵製成的料理
酒。經常使用在肉
類、魚類、湯品。酒
精濃度大約在 20 度
左右為標準，寫著
「米酒頭」的米酒則
是 34 度，價格也比
較高。直接飲用的
話，會有很濃的酒精
味，果然還是不能直
接喝。在台灣幾乎都
是用在料理上。

使用範例 ▶
P.32、48、50、92

油蔥酥

將被稱為紅蔥頭的台灣紅蔥切成細丁，再經過油炸處理的食材。裝袋販售。撒在完成的料理上，或放入炒或煮的料理中提味。放入油蔥酥的話，特別能呈現台灣的風味。在超市販售的小包裝尺寸，很適合當成土產。

使用範例 ▶ P.32、52、102

優先必備的
三種神器

醬油膏

具有濃稠度的甜味醬油。淋在荷包蛋、豬油拌飯上，當成調味也可以，當成普通的調味料使用也是很聰明的選擇。也有人會在醬油裡放入砂糖、可樂自製。用過一次之後就回不去了！

使用範例 ▶ P.22、46、72

醬油

和日本的醬油味道不一樣，在每天的料理中不可或缺的調味料。也有專門用來蒸煮魚類的醬油。

使用範例 ▶
P.32、46、50、92

豆腐乳

讓豆腐發酵而成的固態調味料。當成炒類料理的調味料，也可以當成配粥的醃菜。像柔軟的奶油質感，實際上，取代奶油塗在吐司上，熱衷這種吃法的台灣人也有，喜歡這種特殊的味道。放入豆子、甜一點、辣一點有不同的種類，放入豆子的豆腐乳的媽媽比較多。

使用範例 ▶ P.74

蓮藕

蓮藕製成的粉，被當成太白粉的代用品，在重視健康的台灣人之間廣為使用。使用的方法和太白粉一樣，想要勾芡的時候放入。包裝上寫著「止渴，降火氣」這樣的宣傳文案。

使用範例 ▶ P.54

五香粉

肉桂、八角、胡椒、山椒等好幾種的辛香料混合成的香料。雖然名字是「五香」，但是實際上裡頭的香料不只五種。具有中藥一般獨特的香氣，可以替肉類料理或是燉煮料理增加香氣。

使用範例 ▶ P.32

豆豉

讓大豆或是黑豆發酵而成的調味料，像味噌一樣具有濃郁的味道，可以替蒸魚或是汆燙的蔬菜等清淡的食材調味。豆子用來當成下酒的小菜也可以。別名蔭豉。

使用範例 ▶ P.46

麻油、香油

以日語翻譯的話，都是芝麻油，實際上麻油是「黑芝麻」製成，香油則是「白芝麻」製成，有這樣細微的差異。一般料理增加香氣是用「香油」，麻油雞等補充營養為目的使用的是「麻油」。

使用範例 ▶ P.48

烏醋

以醋、酒、醬油、水果、蔬菜等
當成原料，像烏斯特醬一樣的調
味料。在台灣的食堂經常可以看
到，屬於「如果需要請自己斟酌
使用」的調味料，「醋」這個字
是日語漢字酢的意思。乾麵或是
炒飯也會使用。

醋

想要在料理加上酸味的時
候使用。和烏醋對比，也
被稱為白醋。

蠔油

牡蠣製成的醬汁。使用海鮮
牡蠣製作、具有濃稠度的調
味料，經常運用在需要厚重
調味的中式料理。炒美生菜
只需要用蠔油，就能做出簡
單的美味。這類簡單的料理
也經常使用。

瓶、罐、袋裝
的調味料

冰糖

燉煮滷肉等等料理的時候以外，製
作冰糖木耳的時候也經常使用。順
帶一提，這個雙喜並排的文字，具
有祝賀的意思。這個包裝的冰糖，
當成婚禮的禮物也很適合。

使用範例 ▶ P.32

沙茶醬

在台灣的火鍋店用餐的話，大概都會看見沙茶醬，
和火鍋很搭的調味料。實際上是用沙拉油、魚乾、
蒜頭、薑粉、乾洋蔥、芝麻、蝦醬、肉桂等各種食
材調製而成的調味料。放入炒麵也可以。

蝦米

炒菜的時候，用來和蒜頭、乾香菇一起在開始的時候以油爆香的乾貨。泡在熱水 10 ~ 20 分鐘之後使用。

使用範例 ▶ P.30

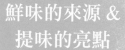

鮮味的來源 &
提味的亮點

鹹蛋

鹽漬的鴨蛋。和粉綠色的奇異顏色形象相反，具有強烈的鹹味。特別是蛋白很鹹，因此，切碎放入料理，可以讓料理整體味道均勻。

使用範例 ▶ P.24

梅乾菜

芥菜或是梅菜等等的菜菜類蔬菜的醃菜。獨特的味道和香氣，經常使用在客家料理上。有乾燥的、半生的種類等等。充分洗淨之後再使用。

使用範例 ▶ P.100

乾魷魚

曬乾的魷魚用來熬高湯，同時也可以當成食材使用，是一物多用的乾貨。泡在鹽水 1 ~ 2 個小時，膨脹之後再切，比較容易切。

使用範例 ▶ P.130

菜脯

經過長時間鹽漬日曬的白蘿蔔。鹹度很高，經常切碎加入料理使用。長年醃漬的老菜脯，價格很高。

使用範例 ▶ P.44

乾香菇

可以增加香氣、味道的萬用乾貨。泡在熱水中 1 個小時左右之後，切成薄片，稍微以油拌炒，可以享用濃郁的香氣。

**使用範例 ▶
P.102、158**

紅棗

在台灣料理使用的乾貨中為主流。具有溫潤的甜味，放入太多的話，會過甜請特別留意。也有無籽的紅棗。

**使用範例 ▶
P.26、76**

枸杞子

以中藥廣為人知的枸杞果實，具有驅寒的功效，除了料理以外，女性也很常將紅棗放入茶飲或是甜點食用。具有淡淡的甜味。

使用範例 ▶ P.72

素肉

「素食」就是蔬食料理，「素肉」是大豆加工製成像肉的食材。在蔬食料理的天堂台灣，選擇很豐富，素食食材的專賣店也很多。因為和肉的口感相當接近，滿足度也很高。

使用範例 ▶ P.82

腐竹

將豆皮捲起來乾燥而成的食材，形成一片的稱為「腐皮」。在台灣，豆皮是非常具有份量感的食材，特別在素食餐廳不可或缺。將乾燥的腐竹泡水約 3～5 個小時的話，就會呈現軟化的狀態。

使用範例 ▶ P.80

豐富的
大豆類食材

罐頭

在台灣有很多日本看不到的罐頭，在店頭看到每一種罐頭都很感興趣。這類的罐頭當成調味料使用也可以。照片中是調味料專賣店「伍中行」的商品，辣椒燜筍（左）和醬煮素鮑魚（右）。

當成土產
也很棒的罐頭

黑鑽鮪魚

這個鮪魚罐頭是「海霸王」人氣餐廳從 1975 年獨自開發的嚴選罐頭系列，屬於非常高品質的味道。使用在深海 250～500m 的印度洋捕獲的鮪魚製作，肉質芳醇。直接食用也可以。

調味料哪裡買？

在日本買

台灣食材專賣店或是中華街上的食材店、網路商店等等，在日本雖然可以買到的種類不多，但還是買得到台灣的調味料。

位於東京笹塚的「台灣物產館笹塚本店」很有名，這裡以調味料、各式各樣的冷凍冷藏食材、點心、台灣啤酒一應俱全著稱，此外，還有可以吃滷肉飯、芒果刨冰的內用空間，對於喜歡台灣的人來說，是去幾次都不會膩的商店。

在橫濱或是神戶的中華街或是其它街上的中國大陸食材店，也會擺放台灣的調味料，因此，不要錯過了。一般的超市意外地中華食材也很豐富，枸杞子或是蝦米、乾香菇等這些食材都可以輕易地取得，請大家放心。

在台灣買

某種程度可以在日本買，或是以日本的食材取代也可以，但是，還是會想要去一次台灣將這些東西一次買齊！排列著一列寫著漢字的瓶瓶罐罐的樣子，光是想像這樣的畫面就興奮不已。如果講求方便的話，台灣的超市或是便利商店可以買得到。如果講求當地感和在地體驗的話，可以到專賣店或是傳統市場。接下來會介紹開業很久的專賣店，和台灣媽媽們經常造訪的商店。即將展開一趟愈來愈興奮的台灣調味料旅行，但是，為了防止液體或是氣味外漏的塑膠袋，或是保護瓶子的緩衝材料（衣服或是毛巾也可以）不要忘了收進行李，請特別注意。

伍 中 行

從日本統治台灣的時代開始持續
經營的調味料和乾貨專賣店，不只
是調味料，台灣名產或是原創罐頭
等商品選擇很豐富，特別是烏魚
子，其中有當成飯友的瓶裝簡易烏
魚子粉，極受好評。店裡有會說日
語的店員，靠近捷運西門町站或是
台北車站，是在台灣旅行很方便的
地點。

地址 台北市中正區衡陽路 56 號
電話 02-2311-3772
營業時間 8:30 ～ 20:30
（週末 9:00 ～ 20:00）
全年無休，除了農曆元旦

慈元

位於台北的乾貨街「迪化街」的乾貨專賣店，是本書 P.38 出場的黃媽媽常去的店家。黃媽媽説：「每一家店的商品品質不一，一定要仔細觀察很重要」。

地址 台北市中正區衡陽路 56 號
電話 02-2311-3772
營業時間 8:30 ～ 20:30
（週末 9:00 ～ 20:00）
全年無休，除了農曆元旦

弘茂

素食食材的專賣店，販售大豆商品和各式各樣可以取代肉類的食材。店面設計嶄新，實際上是位於迪化老街上，不變的是以健康和飲食安全為經營方針。販售的品項達到 3000 種以上。

地址 台北市大同區民生西路 365 號
（和慈元位在同一條路上）
電話 02-2553-2398
營業時間 9:00 ～ 20:30（週日到 17:30）
全年無休，除了農曆元旦到初五

家 成 行

在這裡可以計量購買菜脯。除了台灣的
調味料或是醃菜，韓國的泡菜或是壽司
的材料、西式料理的的調味料或是香料
等等，在這間店都找得到。位於迪化街
的北側，面向大稻埕公園的轉角。

地址 台北市大同區歸綏街 216 號
電話 02-2553-3855
營業時間 09:00 ～ 20:00
每星期日、農曆元旦到初六公休

在當地旅行，
不妨試著品嚐看看？

在台北街上雖然不多，試著找看
看的話，還是會有家常菜的餐廳。
「就算不擅長料理，品嚐卻很喜
歡！」如果是這樣的人，請務必
試試看。在台北的時髦街區永康
街有一間名為「大隱酒食」的餐
廳，復古氣氛的獨棟建築，可以
吃到簡單的家常味，是一間隱藏
版名店。

大隱酒食

地址 台北市大安區永康街 65 號
電話 02-2343-2275
營業時間 11:00 ～ 14:00 17:00~22:00
無休
※ 附近還有姊妹店「小隱私廚」。

台北調味料旅行、住宿選擇的重點！

如果在台北買調味料的話，地點好的飯店相對方便。在這些飯店當中，如果具有可以用日語溝通的優點，日本的旅人也會相對安心不少。在此以兩家飯店為例，請大家參考看看。

舉例來説。住宿 1

靠近迪化街或是老街區
城市商旅 台北南西館

1975 年在高雄開業的餐廳「海霸王」集團經營的飯店，其中「南西館」位在迪化街的南邊，絕佳的位置可以感受到台北老城區的氣氛，是最大的特色。既有設計感又現代的內裝空間，讓旅人感到安心，氣氛安靜的大廳可以靜靜地工作，讓心情平靜下來。可以在這裡買到「海霸王」原創罐頭（P.177）也是推薦重點。

在台北、桃園、高雄等地都有好幾間分店，各自有不同的風格和主題，呈現出的個性差異很有趣。舉例來說，在港都城市高雄的「真愛館」，汲取海的元素設計，在台北中正區 2015 年建蓋的「德立莊 Hotel Midtown」是台灣建築師李天鐸和吳天岳聯手打造，則蔚為話題。

・台北南西館
地址 台北市大同區南京西路 169 號
電話 02-2556-1700

其它城市也有！

- **台北南東館**
地址 台北市南京東路五段 411 號
電話 02-2742-5888

- **桃園航空館**
地址 桃園市大園區中正東路 442 號
電話 03-385-3017

- **高雄駁二館**
地址 高雄市鹽埕區公園
二路 83 號
電話 07-532-2777

- **德立莊 Hotel Midtown**
地址 台北市中正區秀山街 4 號
電話 02-2375-7777

- **高雄真愛館**
地址 高雄市鹽埕區大義街 1 號
電話 07-521-5116

距離捷運中山站徒步 1 分鐘
老爺會館
台北南西

不管要去哪裡都很方便的位置捷運中山站，從 3 號出口出來，就是最方便的地點。如果把這裡當作住宿的地點，不管去哪裡都不會太遠，因此，可以選擇的目的地就變多。可以徒步也可以搭捷運，回程的時候，行李比較重可以搭計程車，交通方式的運用很彈性方便也是優點。

大廳在建築物的 8 樓，可能會稍微找不到建築物的入口。但是，抵達大廳的話，迎面而來的是簡約乾淨的接待櫃台和親切的接待人員，氣氛很溫馨。客房的機能性很好，方方面面都是很多日本客人可以接受的品質。順帶一提，在同一棟建築裡，有一間北京烤鴨餐廳「天廚菜館」，很美味很受歡迎。

• 老爺會館 台北南西

地址 台北市中山區南京西路 1 號 8 樓
電話 02-2531-6171

其它地區也有！

• 老爺會館 台北林森

地址 台北市中山區林森北路 83 號 4 樓
電話 02-2567-6086

飯店提供的早餐是嘗試認識台灣調味料的好機會。

即使只是飯店的早餐，也會很期待興奮。以自助餐的形式，根據個人喜好享用。這個自助式早餐，實際上，也是嘗試調味料和實驗的地方。舉例來說，通常用來配粥的豆腐乳，試著塗在吐司上吃吃看的話，悄悄地搭配嘗試，在醬料或是粥的區域一點一點地嘗試各種調味料也是一種樂趣。在當成伴手禮購買前，是很重要的實驗地點。

「台北林森」位於林森北路上，位置很方便，設計感也很棒。

種類別

根據料理的種類，大致分成 9 類。

客家小炒
P.130

炒下水
P.132

蛤蠣炒絲瓜
P.146

清炒四季豆
P.154

牡蠣韭菜煎蛋
P.156

燉煮料理

開陽白菜
P.30

燙青菜
P.35

滷豬腳
P.50

東坡肉
P.92

客家湯圓
P.102

白斬雞
P.122

蒸煮料理

清蒸魚
P.46

油鑲豆腐
P.78

豆皮捲
P.80

梅乾扣肉
P.100

梅乾菜絞肉
P.124

涼拌菜

涼拌洋蔥海鮮
P.98

涼筍
P.150・152

湯品

山藥雞湯
P.26

麻油雞
P.48

冬瓜菇湯
P.76

苦瓜排骨湯
P.104

鹹菜湯
P.128

食材別

根據主要食材，大致分類。

在某個家裡，
正飄散著媽媽的味道。

幸福文化

食旅
004

永遠吃不膩的台式媽媽味
6 位台灣媽媽的家常菜，傳遞最強的人情味

作者	超喜歡台灣編輯部
譯者	J.J.CHIEN
責任編輯	J.J.CHIEN
封面設計	季曉彤
內文排版	季曉彤
印務	黃禮賢、李孟儒
攝影	野村正治
Coordinate	細木仁美
裝訂、設計	木村愛
編輯	十川雅子
特別感謝	黃麗華、王玲芬、黃月珠、熊謝玉香、陳靜妹、陳貴錦、謝葉文德、李玉娥
協力	城市商旅、老爺會館、伍中行、台北那比達科股份有限公司
出版總監	黃文慧
副總編	梁淑玲、林麗文
主編	蕭歆儀、黃佳燕、賴秉薇
行銷企劃	林彥伶、柯易甫
社長	郭重興
發行人兼出版總監	曾大福
出版	幸福文化出版
地址	231 新北市新店區民權路 108-1 號 8 樓
粉絲團	https://www.facebook.com/happinessbookrep/
電話	02-2218-1417
傳真	02-2218-8057
發行	遠足文化事業股份有限公司
地址	231 新北市新店區民權路 108-2 號 9 樓
電話	02-2218-1417　　傳真　02-2218-1142
電郵	service@bookrep.com.tw
郵撥帳號	19504465
客服電話	0800-221-029
網址	www.bookrep.com.tw
法律顧問	華洋法律事務所 蘇文生律師
印刷	通南印刷有限公司
初版一刷	西元 2019 年 8 月
定價	380 元

國家圖書館出版品預行編目（CIP）資料

永遠吃不膩的台式媽媽味 / 超喜歡台灣編
輯部著 ; J.J.CHIEN 譯 .-- 初版 .-- 新北市 : 幸
福文化出版 : 遠足文化發行 , 2019.08
　面；　公分 .--（食旅；2）
ISBN 978-957-8683-67-9（平裝）
1. 食譜
427.1　　　　　　　　　　108013215

Printed in Taiwan
著作權所有 侵犯必究

TAIWAN KASAN NO AJITO RECIPE
Copyright ©Seibundo Shinkosha Publishing Co.,
Ltd. 2016
All rights reserved.
　Originally published in Japan in 2016 by Seibundo
Shinkosha Publishing Co., Ltd.，Traditional Chinese
translation rights arranged with Seibundo Shinkosha
Publishing Co., Ltd.，through Keio Cultural
Enterprise Co., Ltd.